生物信息学实验

陈　铭　原春晖　主　编

霍颖异　王晶晶　副主编

科学出版社

北　京

内 容 简 介

本书是《生物信息学》（科学出版社出版，陈铭主编）的配套实验教材，由浅入深，全面地介绍了生物信息学涉及的实验方法。全书共 12 个章节，涵盖了生物信息学需要掌握的基础计算机技术，如 Linux 系统、R 语言的基本操作命令，以及数据库使用、序列比对、进化分析、基因预测、转录组分析、转录调控分析、单细胞转录组分析、蛋白质分析和系统生物学相关的实验。每个章节先对实验进行简单介绍，然后通过案例进行操作步骤的详细介绍。

本书可用作高等院校生物信息学实验教材，也可以作为科研院所生物信息学相关专业学生或研究人员的参考书。

图书在版编目（CIP）数据

生物信息学实验 / 陈铭，原春晖主编. —北京：科学出版社，2022.3
ISBN 978-7-03-071689-7

Ⅰ. ①生… Ⅱ. ①陈… ②原… Ⅲ. ①生物信息论-实验-高等学校-教材
Ⅳ. ①Q811.4-33

中国版本图书馆 CIP 数据核字（2022）第 032755 号

责任编辑：刘 丹 韩书云 / 责任校对：杨 赛
责任印制：张 伟 / 封面设计：迷底书装

科学出版社出版
北京东黄城根北街 16 号
邮政编码：100717
http://www.sciencep.com
北京凌奇印刷有限责任公司印刷
科学出版社发行 各地新华书店经销
*
2022 年 3 月第 一 版 开本：720×1000 1/16
2024 年 7 月第四次印刷 印张：8 1/2
字数：172 000

定价：29.80 元

（如有印装质量问题，我社负责调换）

前　言

在生命健康和大数据共同成为全球关注点的新时代，生物信息学迎来了必然的蓬勃发展。生物信息学将在未来的生命科学、精准医疗和智慧健康产业中起着不可替代的作用。生物信息学从出现时起就是一个集生命科学、统计学和计算机科学为一体的交叉学科，因此在交叉创新的大背景下，其得到了越来越多的研究人员与学生的关注。

生物信息学究其特性属于一门科技类的学科，虽然目前国内外已经有较多的关于生物信息学的基本知识和概念的书籍，如编者出版的《生物信息学》受到了广大读者的青睐，越来越多的高校将其作为首选的教材，但我们发现生物信息学实验相关的书籍较为缺乏。为方便读者更加快速地了解或掌握生物信息学技术，方便高校教学，我们编写了本书。本书涵盖了从数据分析基础命令案例到单细胞和蛋白质等高级数据分析技术案例；包括了数据分析各个过程中的核心内容。读者可以由浅入深，详细了解生物信息学数据处理方法；也可以直接学习高级案例，理解生物信息学数据处理的精髓。本书可以作为《生物信息学》的配套实验教材，也可以作为生物信息学初学者的技术学习范例。同时，编者创建了本书配套的网站，读者可以通过网站下载实例数据和代码进行学习，网址为 http://bis.zju.edu.cn/binfo/textbook/。本书还将在线提供丰富的数字化资源，建立论坛或讨论群，供学习此书的同仁一起讨论学习，一起进步。

本书包含 12 个章节，根据内容的不同，有些章节还包含若干个实验。实验 1 和实验 2 是生物信息学实验操作的计算机语言基础。实验 3 是数据库操作和数据获取、数据下载。实验 4 和实验 5 是生物信息学的基础——序列比对。实验 6 是基于序列比对的进化分析。实验 7 是基因组分析中最常见的基因预测。实验 8 全面介绍了转录组分析的流程和常用方法。实验 9 介绍了基于转录组的两种转录调控分析。实验 10 介绍了现在热门的单细胞转录组分析流程和常用方法。实验 11 详细介绍了蛋白质相关分析，包括蛋白质结构分析和高通量蛋白质组定量分析方法。实验 12 介绍了系统生物学中常用的 Cytoscape 软件的使用方法。

本书的编者都是长期从事生物信息学教学、研究的一线人员，并具有国际学术视野和科学创新精神。同时感谢周银聪博士、冯聪博士以及陈宏俊、刘永晶、吴赜旭、李思达等同学。特别感谢科学出版社的刘丹副编审对我们工作的鼓励和支持。

尽管我们尽力把生物信息学学科的基础核心知识和新发展、新技术纳入书中，以保证本书的实用性和先进性，但由于水平有限，在本书的编写过程中难免存在不足，恳请同仁不吝赐教，以便及时修改。勘误表和更多信息可访问：http://bis.zju.edu.cn/binfo/textbook/。

编　者

2022 年 2 月

目　　录

前言

实验 1　Linux 系统入门与操作

实验 1-1　文件与目录管理

一、实验目的

了解 Linux 系统的基本操作方法，掌握常用的 Linux 命令行操作。

二、实验内容

在 Linux 系统中，一切皆是文件。Linux 系统有以下 4 种基本的文件类型。

（1）普通文件：如文本文件、C 语言源代码、Shell 脚本、二进制的可执行文件等。

（2）目录文件：包括文件名、子目录名及其指针。它是 Linux 系统唯一储存文件名的地方。

（3）链接文件：它是一个文件的第二个名字，这是针对多用户共享同一文件而产生的文件。

（4）特殊文件：Linux 系统的一些设备如磁盘、终端、打印机等都在文件系统中表示出来，这一类文件就是特殊文件，常放在/dev 目录内。

常用的文件和目录管理的命令如下。

```
1.  #列出目录
2.  ls
3.  #创建一个新的目录
4.  mkdir
5.  #切换目录
6.  cd
7.  #删除一个空的目录
8.  rmdir
9.  #显示目前的目录
```

```
10. pwd
11. #复制文件或目录copy
12. cp
13. #删除文件或目录remove
14. rm
15. #移动文件或目录move
16. mv
17. #创建文件touch
18. touch
```

【练习】

（1）创建用自己姓名全拼命名的文件夹。

（2）进入文件夹。

（3）创建一个名称为 hello.py 的文件。

实验 1-2 文本输入

一、实验目的

学会如何在 command 窗口中编辑文本文件。

二、实验内容

Vim 是从 Vi 发展出来的一个文本编辑器。其代码补全、编译及错误跳转等方便编程的功能非常丰富，被程序员广泛使用。

Vim 有以下三种工作模式（图 1-1）。

（1）一般模式：为打开文件时的默认模式。在该模式中，可使用左、下、上、右（分别以 h、j、k、l 表示）按键移动光标，使用删除字符、删除整行、复制和粘贴等操作处理文件。一般模式无法编辑文件内容。

（2）在一般模式中，输入 i（插入命令）、a（附加命令）、o（打开命令）、c（修改命令）、r（取代命令）或 s（替换命令）可以进入相应的文本编辑模式；按“Esc”键可退出编辑模式。

（3）命令行模式：在一般模式中，输入“:”“/”“?”三个中任何一个，可进入命令行模式，在此模式中可进行读取、保存、退出和大量替换等指令操作，多数文件管理命令都是在此模式下执行的。例如，“:wq”表示保存并退出，“:q!”表示不保存并强行退出。

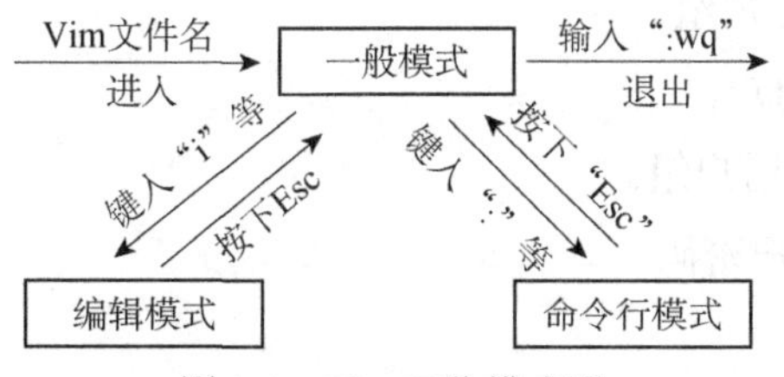

图 1-1　Vim 工作模式图

运行 Vim 只需直接在终端输入“vim”，命令如下。

```
1.   #创建（目录下还没有被编辑的文件）或打开（编辑已有文件）文本文件
2.    vim a.txt
```

【练习】

（1）在 hello.py 里面写入 print（“hello world”），保存并退出。

（2）执行 python hello.py。

实验 1-3　系 统 管 理

一、实验目的

了解 Linux 系统管理策略，学会创建用户或用户组，修改用户密码。了解磁盘管理方法。学会进程控制方法。

二、实验内容

1. 用户与用户组管理

Linux 系统是一个多用户多任务的分时操作系统，任何一个要使用系统资源的用户，都必须首先向系统管理员申请一个账号，然后以这个账号的身份进入系统。每个用户账号都拥有一个唯一的用户名和口令。用户在登录时键入正确的用户名和口令后，就能够进入系统和自己的主目录。

常用命令如下。

useradd：添加用户。

groupadd：添加用户组。

userdel：删除用户。

groupdel：删除用户组。

usermod：修改用户。

groupmod：修改用户组。

passwd：管理用户密码。

2. 磁盘管理

Linux 系统下的磁盘管理的常用命令如下。

（1）df：列出文件系统的整体磁盘使用量。使用方法为 df[-参数]目录或文件名；常用的参数有以下几种。

-a：列出所有的文件系统，包括系统特有的/proc 等文件系统。

-k：以 KBytes 的容量显示各文件系统。

-m：以 MBytes 的容量显示各文件系统。

-h：以人们较易阅读的 GBytes、MBytes、KBytes 等格式自行显示。

-H：以 M=1000K 取代 M=1024K 的进位方式。

-T：显示文件系统类型，连同该分区的文件系统名称（如 ext3）也列出。

-i：不用硬盘容量，而以 inode 的数量来显示。

（2）du：检查磁盘空间使用量。使用方法为 du[-参数]目录或文件名；常用的参数有以下几种。

-a：列出所有的文件与目录容量，因为默认仅统计目录底下的文件量。

-h：以人们较易读的容量格式（G/M）显示。

-s：只列出总量，而不列出每个个别的目录占用容量。

-S：不包括子目录下的总计，与-s 有点差别。

-k：以 KBytes 列出容量显示。

-m：以 MBytes 列出容量显示。

（3）fdisk：用于磁盘分区。常用参数如下。

-l：列出系统所有装置分区。

其他选项：对磁盘进行分区操作。

（4）mkfs：用于对该装置进行格式化。例如，mkfs[-t 文件系统格式]装置文件名。文件系统格式包括 ext2、ext4、fat、ntfs 等。

（5）fsck：用于磁盘检查。

（6）mount：用于挂载磁盘。使用方法为 mount[-t 文件系统][-LLabel 名][-o 额外选项][-n]装置文件名　挂载点。

（7）umount：用于卸载磁盘。例如，umount[-fn]装置文件名或挂载点。

3. 进程管理

进程是操作系统上非常重要的概念，所有系统中运行的数据都会以进程的类型存在。在 Linux 系统中，触发任何一个事件时，系统都会将它定义为一个进程，并且给予这个进程一个标识码（ID），称为 PID，同时根据触发这个进程的用户，给予这个 PID 一组有效的权限设置。

Linux 系统为人们提供了以下一系列方便的命令来查看正在运行的进程。

（1）ps（图 1-2）：比如 ps-aux 命令能查看当前 bash 下的相关进程的全部信息。

```
auser@auser-VirtualBox:~$ ps -l
F S   UID   PID  PPID  C PRI  NI ADDR SZ WCHAN  TTY          TIME CMD
0 S  1000  2073  2068  0  80   0 -  6031 wait   pts/3    00:00:00 bash
0 R  1000  2084  2073  0  80   0 -  7664 -      pts/3    00:00:00 ps
```

图 1-2　ps 命令

（2）&：运行命令一般直接在前台输入即可执行命令，若想在后台执行命令则可以在命令后面加上“&”，即 command &。

此外，在前台工作运行时，Ctrl+Z 可使命令进入后台暂停。

（3）jobs：查看后台工作状态。其常用参数及含义如下。

-l：同时列出 PID 的号码。

-r：仅列出正在后台运行的工作。

-s：仅列出在后台暂停的工作。

（4）nohup [any command] &：将命令放置后台运行并将输出内容存放到 nohup.txt 中，如图 1-3 所示。

```
auser@auser-VirtualBox:~$ nohup echo &
[1] 2383
auser@auser-VirtualBox:~$ nohup: ignoring input and appending output to 'nohup.o
ut'
```

图 1-3　nohup [any command] &命令

（5）kill：终止进程。例如，kill-9 表示进程号或工作号 9 立即终止进程。

（6）top：动态监控进程运行及资源占用变化（图 1-4）。

```
top - 16:49:22 up 28 min,  1 user,  load average: 0.00, 0.02, 0.00
Tasks: 180 total,   1 running, 179 sleeping,   0 stopped,   0 zombie
%Cpu(s):  2.0 us,  0.3 sy,  0.0 ni, 97.6 id,  0.0 wa,  0.0 hi,  0.0 si,  0.0 st
KiB Mem :  2047820 total,   655152 free,   777492 used,   615176 buff/cache
KiB Swap:  2095100 total,  2095100 free,        0 used.  1078356 avail Mem

  PID USER      PR  NI    VIRT    RES    SHR S %CPU %MEM     TIME+ COMMAND
 1801 auser     20   0 1058656 209616  73212 S  1.7 10.2   0:22.12 compiz
  941 root      20   0  393268 133576  41212 S  0.3  6.5   0:07.59 Xorg
  947 root      20   0  742000  54668  19112 S  0.3  2.7   0:08.03 python
 2365 auser     20   0  582452  34820  27972 S  0.3  1.7   0:00.26 gnome-termi+
    1 root      20   0  119672   5888   4048 S  0.0  0.3   0:01.19 systemd
    2 root      20   0       0      0      0 S  0.0  0.0   0:00.00 kthreadd
    3 root      20   0       0      0      0 S  0.0  0.0   0:00.11 ksoftirqd/0
    5 root       0 -20       0      0      0 S  0.0  0.0   0:00.00 kworker/0:0H
    7 root      20   0       0      0      0 S  0.0  0.0   0:00.26 rcu_sched
    8 root      20   0       0      0      0 S  0.0  0.0   0:00.00 rcu_bh
    9 root      rt   0       0      0      0 S  0.0  0.0   0:00.00 migration/0
   10 root      rt   0       0      0      0 S  0.0  0.0   0:00.00 watchdog/0
   11 root      20   0       0      0      0 S  0.0  0.0   0:00.00 kdevtmpfs
   12 root       0 -20       0      0      0 S  0.0  0.0   0:00.00 netns
   13 root       0 -20       0      0      0 S  0.0  0.0   0:00.00 perf
   14 root      20   0       0      0      0 S  0.0  0.0   0:00.00 khungtaskd
   15 root       0 -20       0      0      0 S  0.0  0.0   0:00.00 writeback
```

图 1-4　top 命令

（7）Ctrl+C：退出前台进程。

【练习】

（1）创建一个新用户 user01，设置其主目录为/home/user01，同时为其设置密码。

（2）查看创建文件的大小。

实验 1-4　Linux 系统中的软件安装

一、实验目的

学会在 Linux 系统中安装运行常用的软件。

二、实验内容

SAM 是一种存储大规模核酸比对结果的压缩文件格式，Samtools 则是操作这种文件格式的一系列工具。下面以下载、编译、安装和运行 Samtools 这款生物学软件为例，讲解如何使用 Linux 系统安装并运行常用的生物信息学软件。

1. Samtools 的下载与安装

访问中国科学技术大学提供的 Ubuntu 源（https://mirrors.ustc.edu.cn/help/ubuntu.html），配置好软件源后执行 apt-get update，然后可以通过下述命令安装

Samtools 的依赖库：

```
apt-get install -y build-essential libncurses5-devzliblg-devlibcurl4-openssl-dev
```

在 Samtools 的官网（http://samtools.sourceforge.net/）下载 Samtools 的安装包，同时由于 Samtools 自身依赖于 HTSlib 库，因此还需下载 HTSlib 的安装包。通过 wget 下载上述两个安装包：

```
1.  wget https://github.com/samtools/samtools/releases/download/1.3.1/samtools-1.3.1.tar.bz2
2.  wget https://github.com/samtools/htslib/releases/download/1.3.2/htslib-1.3.2.tar.bz2
```

通过 ls 命令可以看到下载得到的文件：

```
1.  root@localhost: ~# ls
2.  samtools-1.3.1.tar.bz2htslib-1.3.2.tar.bz2
```

通过以下命令对压缩包进行解压：

```
1.  tar -jxvf samtools-1.3.1.tar.bz2
2.  tar -jxvf htslib-1.3.2.tar.bz2
```

解压后再次运行 ls 命令，结果如下：

```
1.  root@localhost: ~# ls
2.  htslib-1.3.2  samtools-1.3.1  htslib-1.3.2.tar.bz2  samtools-1.3.1.tar.bz2
```

2. Samtools 的编译与运行

进入解压出来的 samtools-1.3.1 文件夹：

```
1.  cd samtools-1.3.1
```

此时再执行 ls，发现开发者提供了 README 文件，查看 README 文件：

```
1.  less README

Building samtools
= = = = = = = = = = = = = = = = = = = = = =
The typical simple case of building Samtools using the HTSlib bundled within
```

```
    this Samtools release tarball and enabling useful plugins,  is done
as follows:
    cd …/samtools-1.3.1  #Within the unpacked release directory
    ./configure  --enable-plugins  -enable-libcurl  -with-plugin-path=
$PWD/htslib-1.3.1
    make all plugins-htslib
```

由此，可以通过以下命令进行编译配置：

```
    1.   ./configure --enable-plugins -enable-libcurl -with-plugin-
path=../htslib-1.3.2
```

如果屏幕上显示的信息的最后一行是 config.status：creating config.h，而没有报错信息，则表示安装成功了。

接下来，使用 make 命令进行编译：

```
    1.   make all
```

编译完成后再次执行 ls，发现当前文件夹已经出现了 samtools 这个文件，试运行如下：

```
    1.   ls
    2.   ./samtools
```

上述命令执行后就出现了 Samtools 支持的操作，说明已经编译成功。为了更方便地在任意目录下都可以执行 Samtools，可通过下述命令将其安装到系统中：

```
    1.   make install
```

执行后就可以直接输入 samtools 来运行它了。

【练习】

安装 Samtools 到用户目录下，尝试使用 Samtools 命令和进程控制命令。

实验2　R 语言基础

实验 2-1　R 语言的基本操作

一、实验目的

学会 R 语言的安装及基本操作。

二、实验内容

1. R 语言的数据类型

1）基础数据类型

数值型（numeric）：如 100、0、−4.335。

复数型（complex）：如 1+2i。

字符型（character）：如“China”。

逻辑型（logical）：如 TRUE、FALSE。

2）结构化数据类型

向量（vector）：一系列相同类型元素组成的一维数组。

矩阵（matrix）：由相同类型元素组成的二维数组。

数组（array）：数组与矩阵类似，但维度可以大于 2。

因子（factor）：类别和有序类别型变量。

数据框（data frame）：由一个或几个向量和（或）因子构成，它们必须是等长的，但可以是不同的数据类型（最常用）。

列表（list）：可以包含任何类型的对象。

2. 基本运算符

数学运算符：运算后给出数值结果，如+、−、*、/、^、%%、%/%、%*%。

比较运算符：运算后给出判别结果（TRUE，FALSE），如>、<、<=、>=、==、!=。

逻辑运算符：与（&和&&）、或（|和||）、非（!）。其中&可对向量进行循环比较，&&和||只比较向量的第一个元素。

赋值符：=或<-。

注释符：#（不支持多行注释）。

3. R 语言的函数

R 语言是一种解释性语言，不需要先编译成.exe 文件，输入命令后可直接运行。R 语言的函数形式为

function（对象，选项=）

每一个函数执行特定的功能，后面紧跟括号[函数名+()]，并将对象放入括号中，例如：

平均值 mean()

求和 sum()

绘图 plot()

排序 sort()

除了基本的运算之外，R 语言的函数又分为高级函数和低级函数，高级函数内部嵌套了复杂的低级函数，如 plot()是高级绘图函数，函数本身会根据数据的类型，经过程序内部的函数判别之后，绘制相应类型的图形，并有大量的参数可选择。

4. 查看帮助文件

R 语言内置了详细的帮助文件，可以方便地查阅函数的使用方法和参数。以函数 t.test 为例，帮助的使用方法如下：

```
1.  help("t.test")
2.  ?t.test
3.  apropos("t.test")
```

三、实验步骤

1. 向量的创建

```
1.  #创建字符型变量
2.  character<-c("China", "Korea", "Japan", "UK", "USA", "France", "India", "Russia")
```

```
3.   #创建数值型变量
4.   numeric<-c(1, 3, 6, 7, 3, 8, 6, 4)
5.   #创建逻辑型变量
6.   logical<-c(T, F, T, F, T, F, F, T)
7.   #重复向量
8.   rep(2,times=4)
9.   #等差数
10.  seq(from=3, to=21, by=3)
11.  #通过与向量的组合,产生更为复杂的向量
12.  rep(1:2,c(10,15))
```

随机数的生成：

```
1.   #随机产生 10 个 0 到 1 的数
2.   runif(10, min = 0, max= 1)
3.   #随机产生符合 N(0,1)的正态分布的 10 个值
4.   rnorm(10, mean = 0, sd = 1)
```

2. 矩阵的创建

可以用 dim()和 matrix()等函数。

```
1.   x <- 1:12
2.   dim(x)<- c(3,4)
3.   x
4.   matrix.x <- matrix(1:12,nrow=3,byrow=T)
5.   matrix.x
```

这里应注意，R 语言的运算规则为列运算，所以 x 和 matrix.x 为不同的矩阵。此外，对矩阵转置用函数 t()：

```
1.   t(x)
2.   t(matrix.x)
```

为矩阵添加行列名可用 row.names()和 col.names()。

3. 数据框的创建

常用的函数有以下几种。

按列组合成数据框：cbind()。

按行组合成数据框：rbind()。

直接生成数据框：data.frame()。

查看数据：head()。

```
1.   country.data<-cbind(character,numeric,logical)
2.   country.data
3.   d <- data.frame(character,numeric,logical)
4.   d
5.   st<-data.frame(Name=c("John","James","Ming"),Age=c(13,12,
13),sex=c("F","M","F"))
6.   st
7.   head(d)
```

4. 对象类型查看和操作

常用的函数有以下几种。

mode() class() is.numeric() is.logical() is.character() is.data.frame() as.numeric() as.logical() as.character() as.data.frame() as.matrix() as.factor()

```
1.   mode(x)
2.   class(d)
3.   class(matrix.x)
4.   as.data.frame(matrix.x)
5.   class(matrix.x)
```

5. 外部数据读取

最为常用的数据读取方式是用 read.table()函数或 read.csv()函数读取外部 txt 或 csv 格式的文件（txt 文件，用制表符间隔；csv 文件，用逗号间隔）。同样有 write.table()和 write.csv()。一些 R 程序包（如 foreign）也提供了直接读取 Excel、SAS、dbf、Matlab、spss、systat、Minitab 文件的函数。

```
1.   #读取名为 x.txt 的文件,没有列名(头文件名),以 TAB 制表符分割文件
2.   read.table(file="part2/x.txt",header = FALSE,sep="\t")
3.   #将变量 d 中的内容写入 xx.txt 中,列名称不写入,以 TAB 制表符分割文件
4.   write.table(d,file="part2/xx.txt",row.names = F,sep="\t")
```

6. 工作空间

常用的函数有以下几种。

列出工作空间中的对象：ls()。

删除工作空间中的对象：rm()。

删除工作空间中的所有对象：rm（list=ls()）。

保存工作镜像：save.image()。

将运行结果保存到指定文件中：sink()。

显示当前工作路径：getwd()。

设置当前工作路径：setwd()。

实验 2-2　使用 R 语言计算并安装 R 程序包

一、实验目的

学会使用 R 语言统计计算操作，并学会调用 R 程序包。

二、实验内容

1. 数据准备和简单统计分析

模拟产生学生的名单（以学号区分），记录生物化学、遗传学、数学三科的成绩，然后进行一些统计分析。

（1）数据准备：

```
1.  #产生学号
2.  num=seq(201507001,201507100)
3.  num
4.  #以最低分 80,最高分 100,随机产生 100 个生物化学成绩
5.  bio=round(runif(100,min=80,max=100))
6.  #以平均分 80,标准差 7,产生 100 个遗传学成绩
7.  gen=round(rnorm(100,mean=80,sd=7))
8.  #以平均分 83,标准差 18,产生 100 个数学成绩
9.  mat=round(rnorm(100,mean=83,sd=18))
10. #查看遗传学成绩低于 60 的情况
11. gen[which(gen<60)]
12. #查看数学成绩高于 100 的情况,并将这些改成 100
13. mat[which(mat>100)] = 100
14. mat
15. #将所有成绩组成数据框 x
```

```
16. x=data.frame(num,bio,gen,mat)
17. x
18. #查看 x 数据类型
19. class(x)
20. #将成绩保存
21. write.table(x,file="part2/2-2.1.score.txt",sep="\t")
```

（2）简单统计分析：

```
1.  #计算各科平均分
2.  mean(x)   #注意阅读错误信息,x 数据类型不对
3.  mean(as.matrix(x))
4.  colMeans(x)
5.  #计算生物化学和遗传学的平均成绩
6.  colMeans(x)[c("bio","gen")]
7.  #求各科最高分和最低分
8.  apply(x,2,max)
9.  apply(x,2,min)
10. #求每人总分
11. apply(x[c("bio","gen","mat")],1,sum)
12. #总分最高同学
13. which.max(apply(x[c("bio","gen","mat")],1,sum))
14. x$num[which.max(apply(x[c("bio","gen","mat")],1,sum))]
```

2. R 语言简单的统计模型分析

将三种不同菌型的伤寒杆菌 a、b、c 分别接种于 10 只、9 只和 11 只小白鼠上，观察其存活天数，问三种菌型下小白鼠的平均存活天数是否有显著差异。

a 菌株：2、4、3、2、4、7、7、2、5、4。

b 菌株：5、6、8、5、10、7、12、6、6。

c 菌株：7、11、6、6、7、9、5、10、6、3、1。

```
1.  #数据读取
2.  bac<-read.table("part2/2.2.2.bac.txt",header=T)
3.  #将 bac 数据框中的 type 转换为因子类型
4.  bac$type<-as.factor(bac$type)
5.  #方差分析
6.  ba.an<-aov(day~type,data=bac)
7.  #查看方差分析结果
```

```
8.   summary(ba.an)
9.   #绘制箱线图
10.  boxplot(day~type,data=bac,col="darkblue")
```

3. 认识R程序包

R程序包是多个函数的集合，具有详细的说明和示例。Windows下的R程序包是已经编译好的zip包。每个程序包包含R函数、数据、帮助文件、描述文件等。本实验程序包的安装与调用以RColorBrewer为例。

1）直接使用网络镜像安装

软件安装函数为install.packages()。

例如，打开RGui，在控制台中输入：

```
1.   BiocManager::install("RColorBrewer")
```

2）安装本地zip包

在R窗口中选择：程序包/Packages→Install packages from local files，然后选择光盘或者本地磁盘上存储zip包的文件夹。

3）程序包使用

在使用程序包之前要用library（packageName）载入要使用的程序包。例如，在控制台中输入如下命令：

```
1.   library(RColorBrewer)
```

载入R程序包后，调用程序包内的函数，与R内置的行数调用方法一样。

实验2-3　使用R语言画图

一、实验目的

掌握R语言的绘图方法。

二、实验内容

R语言不仅具有优秀的统计计算功能，还有非常好的图形绘制功能，其面向对象的编程方式使得用户可以很灵活地控制图形的输出，制作精美的统计示意图。R 语言可以通过函数 par()来设置或者获取图形参数。利用 par()可以获取当前图形设置的参数；若要设置或者改变图形的参数，可用 par（参数=值）。例如，可以用参数 mar 设置图形到边距的距离。

最常用的绘图函数为 plot()，它可以接受很多不同类的对象作为它的作图对象参数。常用的参数有以下几种。

type：设置图形样式类型。

main：设置主标题。

sub：设置副标题。

xlab，ylab：设置 x 轴和 y 轴标题。

asp：设置图形纵横比 y/x。

xlim，ylim：设置 x 轴和 y 轴坐标系的界限。

col：设置颜色。

pch：设置点的形状。

cex：设置绘图文本和符号相对于默认值应放大的倍数。

lty：设置线的类型。

lwd：设置线宽，默认为 1。

其他常用的绘图函数如下：

hist()直方图　boxplot()箱线图　stripchart()点图　barplot()条形图

dotplot()点图　piechart()饼图

三、实验步骤

1. 散点图绘制

生成 0～2 的 50 个随机数，分别命名为 x、y，并进行绘图：将主标题命名为“散点图”，横轴命名为“横坐标”，纵轴命名为“纵坐标”。

```
1.  #产生两个向量
2.  x<-runif(50,0,2)
3.  y<-runif(50,0,2)
4.  #散点图
5.  plot(x,y,main="Scatter plot",xlab="xlab",ylab="ylab")
6.  #在图上加文字
7.  text(0.6,0.7,"text at(0.6,0.7)",cex=1.2)
```

2. 分步绘图

每步分别绘制一些图形元素。

```
1.   #打开绘图窗口,不绘制任何对象
2.   plot(x,y,type="n",xlab="",ylab="",axes=F)
3.   #绘制散点图
4.   points(x,y)
5.   #添加横轴
6.   axis(1)
7.   #添加纵轴
8.   axis(at=seq(0.2,1.8,0.2),side=2)
9.   #补齐散点图的边框
10.  box()
11.  #绘制主标题,副标题,x 轴和 y 轴
12.  title(main="Main title",sub="subtitle",xlab="X-Label",ylab=
"Y-Label")
```

3. 图片保存

（1）GUI 保存：绘制图形完成后，点击文件（file）→另存为（save as），然后选择合适的文件格式（图 2-1）。

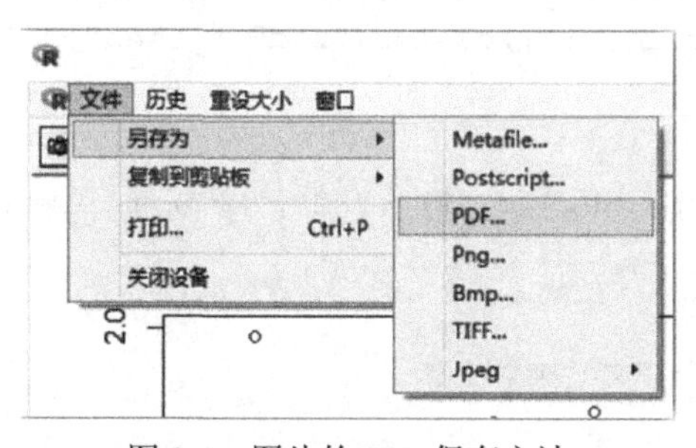

图 2-1　图片的 GUI 保存方法

（2）命令行保存。

```
1.   pdf("ScatterPlot.pdf")
2.   plot(x,y,type="n",xlab="",ylab="",axes=F)
3.   points(x,y)
4.   axis(1)
5.   axis(at=seq(0.2,1.8,0.2),side=2)
6.   box()
7.   title(main="Main title",sub="subtitle",xlab="X-Label",ylab=
```

```
"Y-Label")
    8.  dev.off()
```

（3）利用实验 2-2 中保存的“score.txt”文件绘制各种图形。

```
    1.  #读入数据
    2.  score<-read.table("part2/2-2.1.score.txt",sep = "\t")
    3.  #绘制生物化学柱形图
    4.  hist(score$bio)
    5.  #以生物化学与遗传学绘制散点图
    6.  plot(score$bio,score$gen)
    7.  #列联表分析
    8.  #查看每个生物化学成绩有几个人
    9.  table(score$bio)
    10. #绘制成绩分布图
    11. barplot(table(score$bio))
    12. #加颜色
    13. barplot(table(score$bio),col=rainbow(7),ylim=c(0,10))
    14. #箱线图
    15. boxplot(score$bio,score$gen,score$mat)
    16. boxplot(score[2:4],ccol=c("red","green","blue"),notch=T)
    17. boxplot(score$bio,score$gen,score$mat,horizontal=T)
    18. boxplot(score[2:4],ccol=c("red","green","blue"),notch=T,
main="scores")
    19. #加图例
    20. legend("topright",c("S1","S2","S3"),fill=c("red","green",
"blue"))
    21. #饼图
    22. pie(table(score$bio))
    23. #星图
    24. stars(score[c("bio","gen","mat")])
    25. stars(score[c("bio","gen","mat")],full=T,draw.segments=T)
    26. #茎叶图
    27. stem(score$bio)
    28. #QQ 图（quantile-quantile plot）,对生物化学成绩作 QQ 图,分析其是否符
合正态分布,越接近直线越符合正态分布
    29. qqnorm(score$bio,col="red")
    30. qqline(score$bio)
```

（4）相关性图绘制：矩阵排序在数据可视化方面还有很多有意思的应用。例

如，在相关矩阵可视化中，通过对相关系数矩阵进行排序，可以更清楚地看出变量之间的相关关系。

```
1.  library(corrplot)
2.  par(mfow=c(1,2))
3.  #利用 R 内置的 mtcars 数据,计算 mtcars 相关系数矩阵
4.  M=cor(mtcars)
5.  #按相关系数矩阵的特征向量进行排序
6.  order.AOE=corrMatOrder(M,order = "AOE")
7.  M.AOE=M[order.AOE,order.AOE]
8.  corrplot(M)
9.  corrplot(M.AOE)
10. corrRect(c(4,2,5))
```

【练习】

对一批细菌进行研究，确定糖分浓度对菌株生长的影响，数据如表 2-1 所示。试进行回归分析，表示糖分浓度对菌株生长的影响。

表 2-1　糖分浓度对菌株生长的影响

糖分浓度/‰	20	22	24	26	28	30	32	34	36	38	40	42
菌浓度（PMV）	8.4	9.5	11.8	10.4	13.3	14.8	13.2	14.7	16.4	16.5	18.9	18.5

注：PMV. package mycelium volume，测定菌丝量

实验3 NCBI、ENA和DDBJ数据库的序列获取

实验3-1 NCBI数据库序列数据的获取

一、实验目的

了解NCBI（National Center for Biotechnology Information）数据库序列资源，学习和掌握序列检索与下载的方法，熟悉数据库中的序列记录格式和序列 fasta 格式。

二、实验内容

（1）打开NCBI主页（https://www.ncbi.nlm.nih.gov/）（图3-1）。NCBI主页包括4个主要部分：①检索框，下拉菜单可选择40个子数据库，检索关键词支持"AND/OR/NOT"的布尔逻辑运算；②资源导航栏，包括NCBI提供的所有数据库、下载服务、数据提交和分析工具等资源；③服务，提供数据提交和下载、培训、开发、分析和研究等服务；④常用资源，包括常用的工具和数据库。

（2）在检索下拉菜单中选择子数据库为蛋白质"Protein"，在搜索框内输入"'*Homo sapiens*' AND 'hemoglobin subunit alpha'"，即在数据库中同时搜索精确包含人类（*Homo sapiens*）和血红蛋白α亚基（hemoglobin subunit alpha）字段的蛋白质记录。共搜索得到235条符合条件的记录（2020年5月6日搜索结果），可以通过左侧的物种分类、来源数据库、遗传组分、序列长度等条件进一步精炼结果（图3-2）。

（3）比如，点击图3-2左侧精炼条件中的RefSeq数据库（O'Leary et al.，2015），即可得到可靠注释的人类血红蛋白α亚基的参考序列（图3-3）。

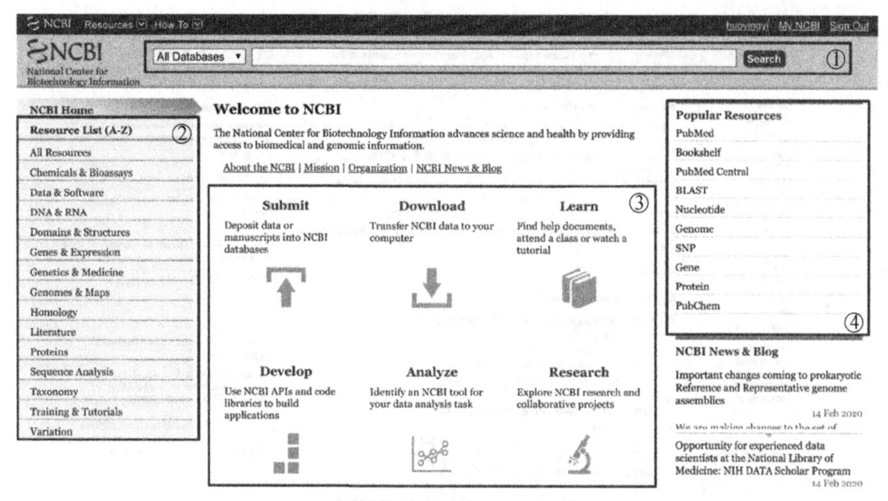

图 3-1 NCBI 主页

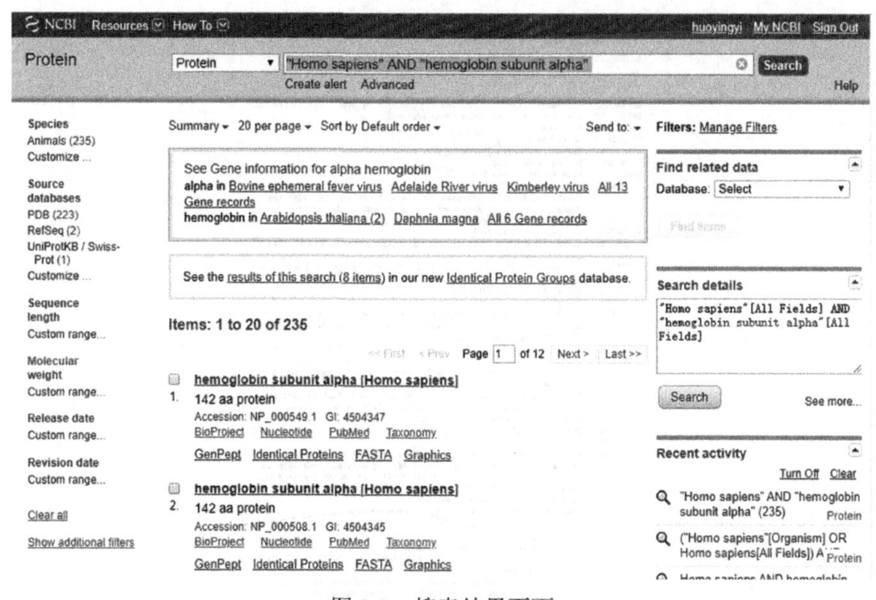

图 3-2 搜索结果页面

（4）点击序列条目查看记录中注释信息（图 3-4），并点击“FASTA”查看 fasta 格式序列（图 3-5）。

（5）通过上述方法，获取以下动物的球蛋白的登录号和序列（表 3-1），优先选择 RefSeq 记录，如无 RefSeq 记录，则选择 UniProtKB/Swiss-Prot（Boutet et al., 2016）记录，如无则选择 140 个左右氨基酸的蛋白质全长序列。整理两个 txt 文档，一个为登录号列表，另一个为 fasta 格式序列文件。

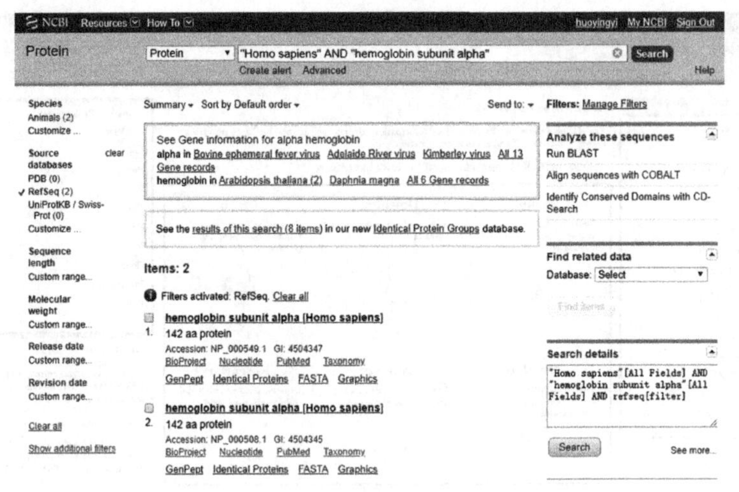

图 3-3 筛选物种后页面

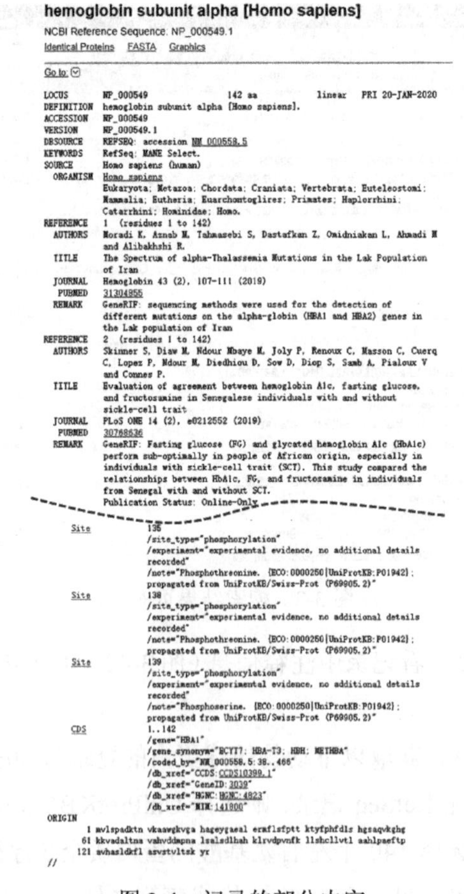

图 3-4 记录的部分内容

hemoglobin subunit alpha [Homo sapiens]

NCBI Reference Sequence: NP_000549.1

GenPept　Identical Proteins　Graphics

```
>NP_000549.1 hemoglobin subunit alpha [Homo sapiens]
MVLSPADKTNVKAAWGKVGAHAGEYGAEALERMFLSFPTTKTYFPHFDLSHGSAQVKGHGKKVADALTNA
VAHVDDMPNALSALSDLHAHKLRVDPVNFKLLSHCLLVTLAAHLPAEFTPAVHASLDKFLASVSTVLTSK
YR
```

图 3-5　fasta 格式序列

表 3-1　待检索物种列表

序号	物种学名	物种英文名称	物种中文名称	蛋白质英文名称	蛋白质中文名称
1	*Homo sapiens*	human	人类	myoglobin	肌红蛋白
2	*Osphranter rufus*	red kangaroo	红袋鼠	myoglobin	肌红蛋白
3	*Phocoena phocoena*	harbor porpoise	鼠海豚	myoglobin	肌红蛋白
4	*Halichoerus grypus*	gray seal	灰海豹	myoglobin	肌红蛋白
5	*Homo sapiens*	human	人类	hemoglobin subunit alpha	血红蛋白 α 亚基
6	*Canis lupus familiaris*	dog	家犬	hemoglobin subunit alpha	血红蛋白 α 亚基
7	*Equus caballus*	horse	马	hemoglobin subunit alpha	血红蛋白 α 亚基
8	*Macropus giganteus*	Eastern gray kangaroo	东部灰大袋鼠	hemoglobin subunit alpha	血红蛋白 α 亚基
9	*Homo sapiens*	human	人类	hemoglobin subunit beta	血红蛋白 β 亚基
10	*Canis lupus familiaris*	dog	家犬	hemoglobin subunit beta	血红蛋白 β 亚基
11	*Oryctolagus cuniculus*	rabbit	兔	hemoglobin subunit beta	血红蛋白 β 亚基
12	*Macropus giganteus*	Eastern gray kangaroo	东部灰大袋鼠	hemoglobin subunit beta	血红蛋白 β 亚基
13	*Lampetra fluviatilis*	European river lamprey	欧洲溪七鳃鳗	hemoglobin	血红蛋白
14	*Petromyzon marinus*	sea lamprey	海七鳃鳗	hemoglobin	血红蛋白
15	*Chironomus thummi thummi*	midge	摇蚊	hemoglobin	血红蛋白
16	*Glycine max*	soybean	大豆	hemoglobin	血红蛋白

实验 3-2　ENA 数据库文件的下载

一、实验目的

学习和掌握 ENA（European Nucleotide Archive）数据库中文件的下载方法。

二、实验内容

（1）打开 ENA 的主页（https://www.ebi.ac.uk/ena/browser/home），在右上角 View 文本框中输入要下载的项目编号，如 PRJEB29049（图 3-6）。

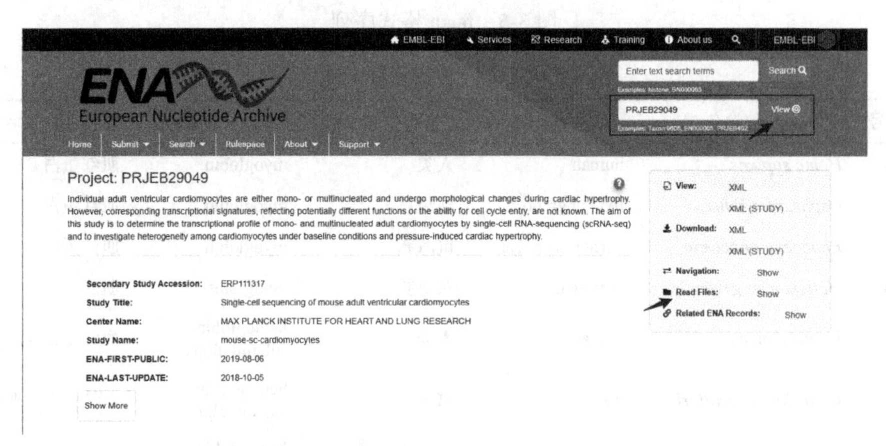

图 3-6　ENA 主页

（2）找到所有要下载的文件格式和需要的信息，打钩，如图 3-7 所示。

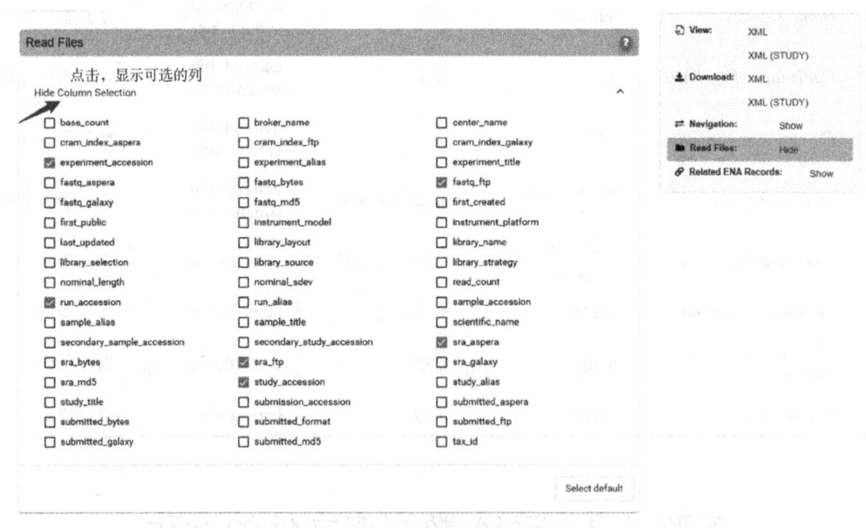

图 3-7　选中文件下载格式等信息

（3）点击 TSV，将文件保存为 tsv 格式文件（或者右击另存为，如保存为 3-2.filereport_read_run_PRJEB29049_tsv.txt），此文件包含刚才所选的信息（图 3-8）。或者可以选中直接点击 fastq 文件上面的“Download All”，下载所有 fastq 文件；

也可以勾选需要下载的文件，点击右上角的“Download selected files”，如图 3-9 所示。

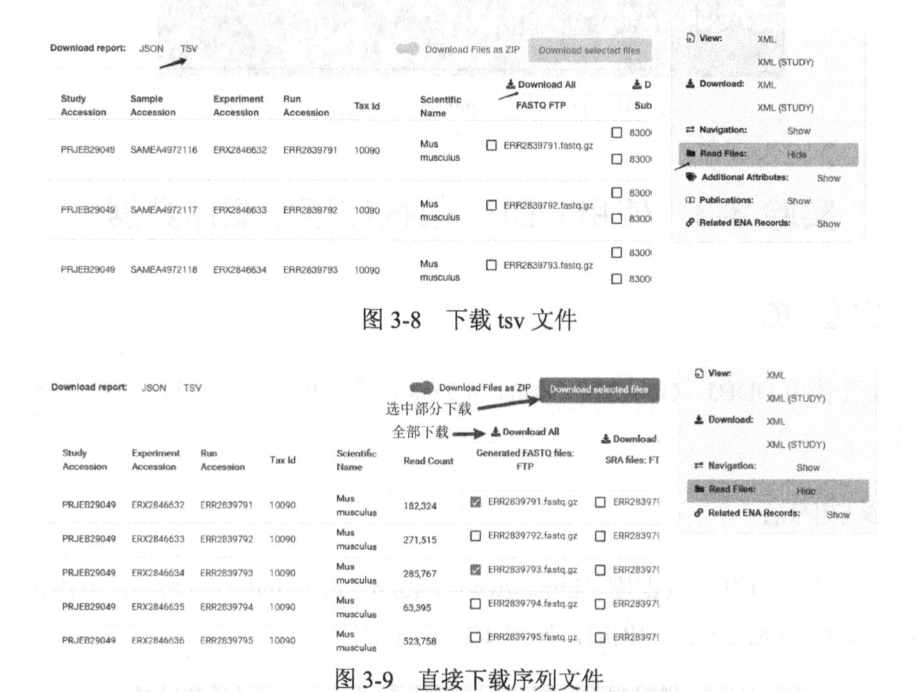

图 3-8　下载 tsv 文件

图 3-9　直接下载序列文件

（4）从下载下来的 tsv 文件中提取 fastq 文件的下载地址。此处可以用 awk 方便地进行文件提取，在命令行窗口输入：awk '{FS="\t"; if（NR>1）print $8}' 3-2.filereport_read_run_PRJEB29049_tsv.txt>3-2.download.txt；将 fastq 文件下载地址保存到文件 3-2.download.txt 中（图 3-10）。

图 3-10　提取下载链接

（5）使用 wget 命令批量下载所需的 fastq 文件（图 3-11）。在命令行窗口输入：

```
for i in 'cat 3-2.download.txt';
do
 wget $i
done
```

```
root@YCH:~/workspace/bioinforAssayBook/part3# for i in `cat 3-2.download.txt` ;
> do
> wget $i
> done
--2021-11-09 06:11:12--  http://ftp.sra.ebi.ac.uk/vol1/fastq/ERR283/001/ERR2839791/ERR2839791.fastq.gz
Connecting to 10.71.115.244:3128... connected.
Proxy request sent, awaiting response... 200 OK
Length: 7929851 (7.6M) [application/octet-stream]
Saving to: 'ERR2839791.fastq.gz.2'

ERR2839791.fastq.gz.2    23%[======>                    ]  1.80M  76.2KB/s    eta 86s
```

图 3-11　使用 wget 命令下载文件

实验 3-3　使用 DDBJ 数据库下载测序数据

一、实验目的

学会使用 DDBJ（DNA Data Bank of Japan）的 DRA 编号进行数据的检索和下载。

二、实验内容

（1）打开 DDBJ 数据库（https://www.ddbj.nig.ac.jp/index-e.html），点击进入 Sequence Read Archive（DRA），如图 3-12 所示。

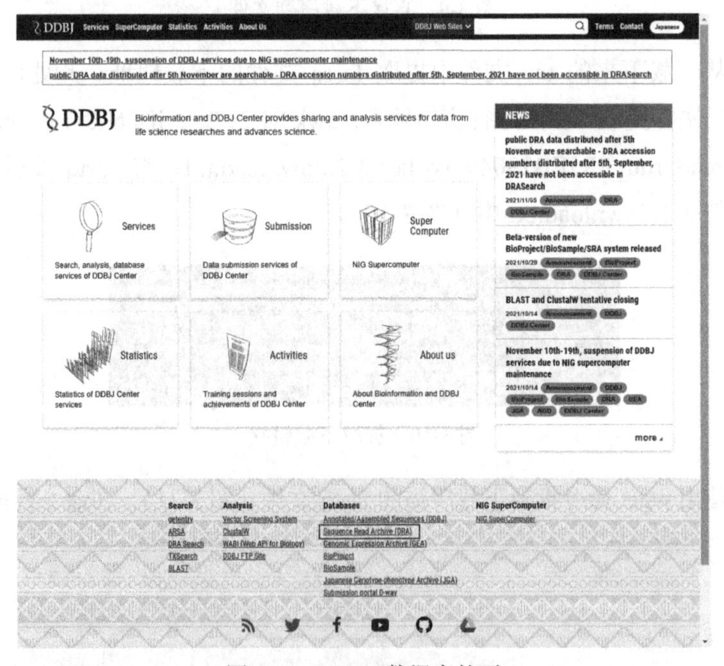

图 3-12　DDBJ 数据库首页

（2）点击“Search”按钮，进行查询（图 3-13）。

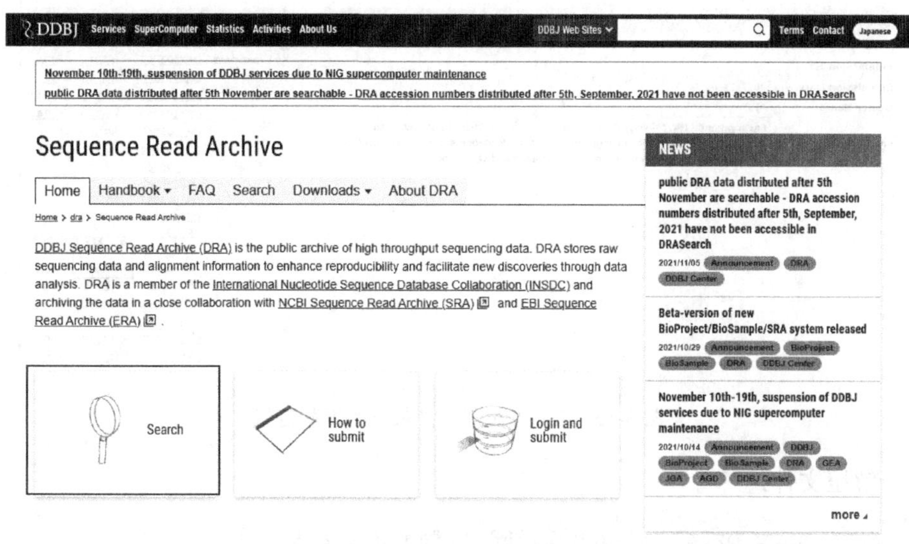

图 3-13　点击“Search”按钮

（3）在 Accession 中输入 DRA 编号（如 DRA006303），点击“Search”按钮进行查询（图 3-14）。

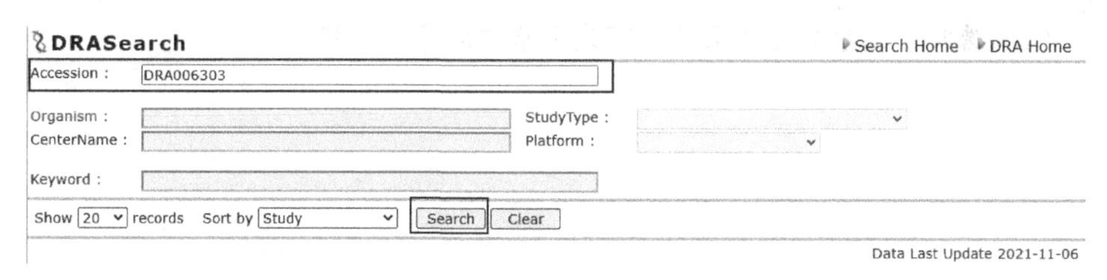

图 3-14　输入 DRA 编号进行查询

（4）在右侧的 Navigation 栏中选择一个 Run（如 DRR110568），点击进入该 Run 的 FASTQ 目录，并复制该目录下的下载链接（DRR110568_1.fastq.bz2 和 DRR110568_2.fastq.bz2）（图 3-15）。

（5）在 Linux 环境下下载并解压该 fastq 文件。

下载文件：

```
1. nohup wget ftp://ftp.ddbj.nig.ac.jp/ddbj_database/dra/fastq/DRA006/DRA006303/DRX103657/DRR110568_1.fastq.bz2 &
2. nohup wget ftp://ftp.ddbj.nig.ac.jp/ddbj_database/dra/fastq/DRA006/DRA006303/DRX103657/DRR110568_2.fastq.bz2 &
```

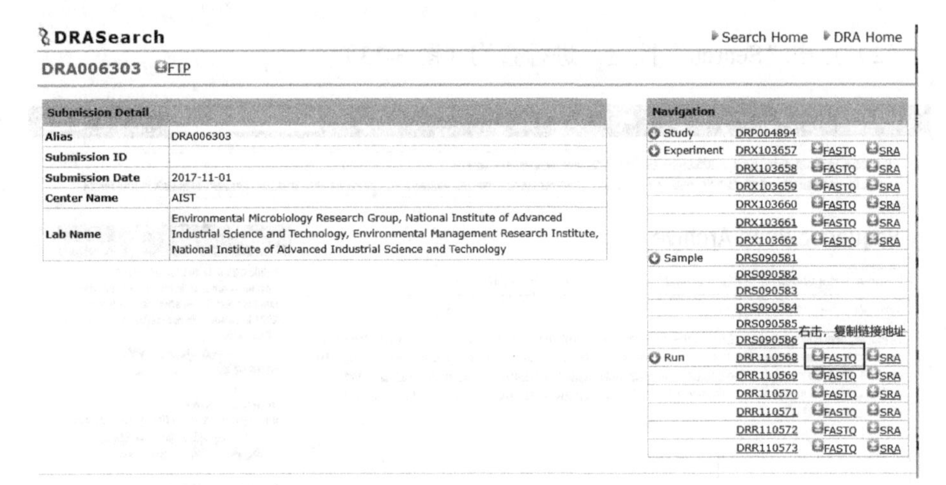

图 3-15　复制 FASTQ 目录下的下载链接

解压文件：

```
1.   nohup bzip2 -d DRR110568_1.fastq.bz2 &
2.   nohup bzip2 -d DRR110568_2.fastq.bz2 &
```

【练习】

（1）利用 NCBI 下载多物种的 *EGFR* 基因序列。

（2）选择一篇感兴趣的文章，下载文章中的原始数据。

实验 4　双序列比对

数字资源

一、实验目的

了解双序列比对的原理、方法与应用，使用 BLAST 进行实践。

二、实验内容

序列比对的经典方法是 BLAST，NCBI 提供了网页版的 BLAST 和本地版的 BLAST。BLAST 最常用的算法有：blastn，核苷酸序列与核苷酸序列的比对；blastp，蛋白质序列和蛋白质序列的比对；blastx，核苷酸序列与蛋白质序列的比对；tblastn，蛋白质序列和核苷酸序列的比对；tblastx，核苷酸翻译后的蛋白质序列与核苷酸翻译后蛋白质序列的比对。此外，NCBI 还提供了以下特殊的比对方法，如 SmartBLAST、Primer-BLAST、Global Align、CD-search、IgBLAST、VecScreen、CDART、Multiple Alignment 和 MOLE-BLAST。

三、实验步骤

1. 网页版 BLAST

NCBI 提供了网页版的 BLAST 供用户使用，网址为 https://blast.ncbi.nlm.nih.gov/Blast.cgi。打开网页，选择合适的 BLAST 方法，本实验示例我们选择 blastn，选择 Nucleotide BLAST（blastn）（图 4-1）。

（1）输入查询序列。这里可以直接输入序列的 accession number、gi 号和 fasta 序列；如果待查询的序列很多，则可直接上传序列的 fasta 文件。这里选择 Choose File→选择一个多序列的 fasta 文件（如本书材料中的 4.1_EGFR_multi_sequence.fasta）→点击打开。

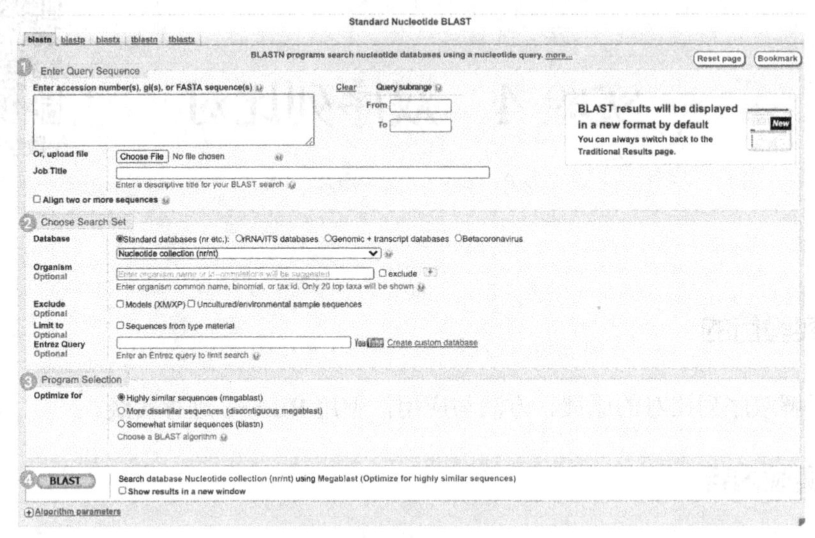

图 4-1 NCBI 中的 BLAST 界面

（2）选择要搜索的数据集，即要和哪些数据集中的序列进行比对。NCBI 提供了很多数据集，一般来说可以选择 nr 数据集；然后可以指定与什么物种的序列进行比较，如果不指定就默认与所有物种的序列进行比较。这里点选 Standard databases（nr etc.）。

（3）选择要用的程序。这里点选 Highly similar sequences（megablast），最后点击 BLAST，开始运行程序（图 4-2）。

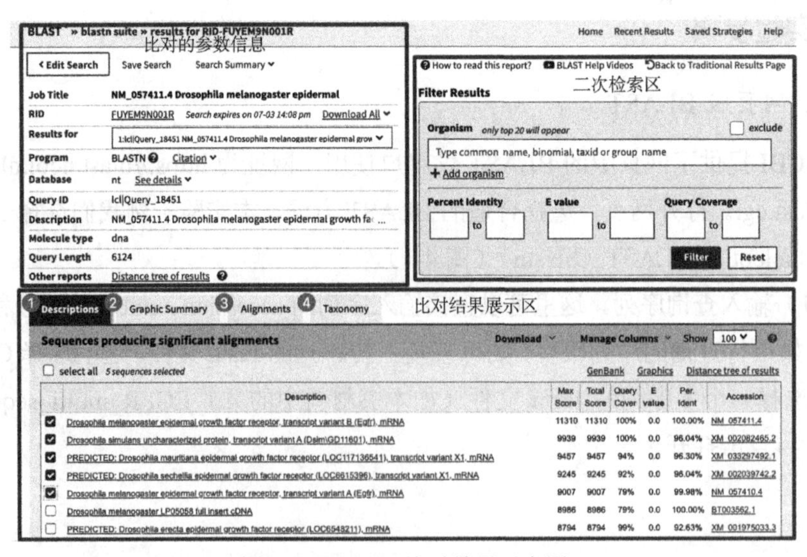

图 4-2 BLAST 比对结果示意图

结果输出主要分为三大区域：①比对的参数信息，即我们提交的查询序列的信息，如果提交了多个序列，在 Results for 的下拉菜单中选择想要查看的序列名字。②二次检索区，可以对结果进行二次检索。③比对结果展示区，比对结果有4种展示方式。

2. 本地版 BLAST

如果有几百兆的序列需要和数据库匹配，或者需要搜索个性化的数据库，就需要用到本地版的 BLAST（local blast）。下载网址：https://ftp.ncbi.nlm.nih.gov/blast/executables/blast+/LATEST/。

解压缩后，设置环境变量，利用 BLAST 进行匹配。

（1）对搜索数据库建立索引。

在进行 BLAST 匹配之前，需要对搜索到的数据库建立索引，以加快搜索速度；本地版的 BLAST 提供的建立索引的命令为 makeblastdb，例如：

```
1.  ./ncbi-blast-2.10.0+/bin/makeblastdb -in lncipedia_5_2.
fasta -dbtype nucl
```

其中，-in 指定要建立索引的数据库；-dbtype 指定数据库类型。

（2）进行序列匹配。

使用 blastn 进行序列匹配。常用的参数有：-task 指定匹配类型；-query 指定查询的序列文件；-db 指定搜索数据；-out 指定输出文件的名字；-outfmt 指定输出文件的格式；-num_threads 指定线程数目。

例如，以下命令：

```
1.  ./ncbi-blast-2.10.0+/bin/blastn  -task  blastn  -query  query_
transcripts.fa -db seqOfDatabase.fasta  -out query_in_ seqOfDatabas
e.blast.out -outfmt 6 -num_threads 5
```

（3）筛选高相似度的序列。

BLAST 的输出格式有 18 个，其中常用的为 outfmt 6。用-outfmt 6 指定的输出文件如图 4-3 所示，输出格式 6 的输出条目是可以修改的，默认输出为：qaccver saccver pident length mismatch gapopen qstart qend sstart send evalue bitscore。

其中 qaccver 为 query 序列的 ID，saccver 为数据中目标序列的 ID，pident 是一致性比例（越高相似性越好），bitscore 为 Bit score。

一般认为 identity（即 pident）大于 80%的序列为相似序列。可利用命令：awk

'$3>80 {print $1}' 4.2.EGFR_in_lncipedia.blast.out | sort -u > 4.3.similarSeqID.tsv，筛选与数据库中高相似度的序列 ID 并输出到 similarSeqID.tsv（图 4-3）。

```
NM_057411.4    EGFR-AS1:3       68.718  195    59    2     3903   4096   1270   1077   1.13e-09        69.8
NM_057411.4    EGFR-AS1:4       68.718  195    59    2     3903   4096   1270   1077   1.13e-09        69.8
NM_057411.4    EGFR-AS1:1       68.718  195    59    2     3903   4096   1285   1092   1.13e-09        69.8
NM_057411.4    EGFR-AS1:2       68.718  195    59    2     3903   4096   1270   1077   1.13e-09        69.8
NM_057411.4    lnc-GPCPD1-8:16 84.615  39     6     0     967    1005   6980   7018   0.045   44.6
NM_057411.4    lnc-GPCPD1-8:14 84.615  39     6     0     967    1005   7255   7293   0.045   44.6
NM_057411.4    LINC00562:7      84.211  38     6     0     608    645    2730   2767   0.16    42.8
NM_057411.4    lnc-KCNK7-3:1    96.154  26     1     0     4178   4203   406    431    0.16    42.8
NM_057411.4    lnc-PREP-5:1     80.952  42     8     0     608    649    1636   1677   0.55    41.0
NM_057411.4    lnc-ATP6V1D-8:4 87.500  32     4     0     157    188    32751  32782  0.55    41.0
NM_057411.4    lnc-ACTR3C-4:1   96.000  25     1     0     969    993    542    566    0.55    41.0
NM_057411.4    lnc-CTNND2-6:1   84.615  39     4     1     3285   3321   133    171    0.55    41.0
NM_057411.4    lnc-BRF2-7:6     79.167  48     8     1     3629   3674   7592   7639   1.9     39.2
NM_057411.4    lnc-BRF2-7:5     79.167  48     8     1     3629   3674   10162  10209  1.9     39.2
NM_057411.4    lnc-BRF2-7:4     79.167  48     8     1     3629   3674   9878   9925   1.9     39.2
NM_057411.4    lnc-ZNF703-2:3   79.167  48     8     1     3629   3674   7869   7822   1.9     39.2
NM_057411.4    lnc-BRF2-7:3     79.167  48     8     1     3629   3674   9743   9790   1.9     39.2
NM_057411.4    lnc-TRMT61B-5:3 75.926  54     9     1     6062   6111   20406  20459  1.9     39.2
NM_057411.4    lnc-TRMT61B-5:4 75.926  54     9     1     6062   6111   3748   3801   1.9     39.2
NM_057411.4    lnc-TRMT61B-5:8 75.926  54     9     1     6062   6111   3257   3310   1.9     39.2
NM_057411.4    lnc-DPRX-2:1     80.435  46     4     2     465    508    3397   3355   1.9     39.2
NM_057411.4    lnc-MALT1-7:4    92.308  26     2     0     6098   6123   7987   7962   1.9     39.2
NM_057411.4    VIM-AS1:10       92.308  26     2     0     986    1011   22822  22847  1.9     39.2
NM_057411.4    lnc-PLA2G7-1:2   83.333  42     3     2     439    479    2936   2974   1.9     39.2
NM_057411.4    lnc-DXO-4:2      95.833  24     1     0     1090   1113   976    999    1.9     39.2
NM_057411.4    lnc-CNTNAP3B-49:2        80.435  46    5     2      6081   6123   979    1023   6.7     37.4
```

图 4-3　blastn 结果

实验5　多序列比对分析

一、实验目的

了解多序列比对的应用，学习和掌握多序列比对的方法。

二、实验内容

数据选取表5-1中多种生物的血红蛋白序列，在NCBI的Protein数据库下载参考序列，格式为fasta文件。使用MEGA进行多序列比对分析。多序列比对通过运用特定的数学模型或算法，找出多个序列之间的最大匹配碱基或残基数，序列比对结果可以反映序列之间的相似性，从而判断序列之间的同源性。

表5-1　数据列表

序号	物种学名	物种英文名称	蛋白质英文名称
1	*Homo sapiens*	human	myoglobin
2	*Osphranter rufus*	red kangaroo	myoglobin
3	*Phocoena phocoena*	harbor porpoise	myoglobin
4	*Halichoerus grypus*	gray seal	myoglobin
5	*Homo sapiens*	human	hemoglobin subunit alpha
6	*Canis lupus familiaris*	dog	hemoglobin subunit alpha
7	*Equus caballus*	horse	hemoglobin subunit alpha
8	*Macropus giganteus*	Eastern gray kangaroo	hemoglobin subunit alpha
9	*Homo sapiens*	human	hemoglobin subunit beta
10	*Canis lupus familiaris*	dog	hemoglobin subunit beta
11	*Oryctolagus cuniculus*	rabbit	hemoglobin subunit beta
12	*Macropus giganteus*	Eastern gray kangaroo	hemoglobin subunit beta
13	*Lampetra fluviatilis*	European river lamprey	hemoglobin
14	*Petromyzon marinus*	sea lamprey	hemoglobin
15	*Chironomus thummi thummi*	midge	hemoglobin
16	*Glycine max*	soybean	hemoglobin

三、实验步骤

（1）打开 MEGA（Molecular Evolutionary Genetics Analysis）软件主页（https://www.megasoftware.net/）（图 5-1），下载并安装 MEGA X 软件。

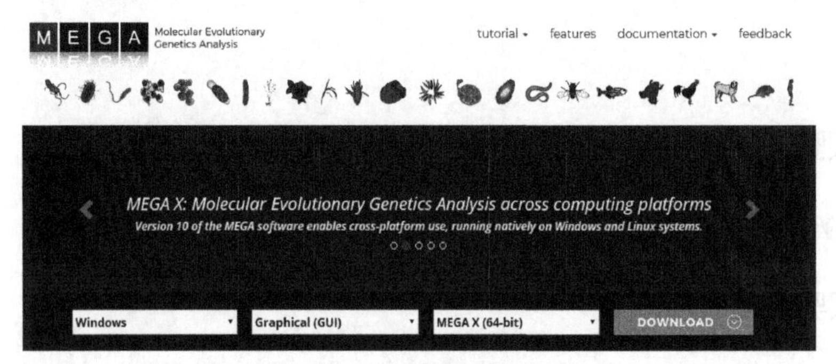

图 5-1 MEGA 主页

（2）打开 MEGA 软件，进入主界面，查看并熟悉菜单栏条目（图 5-2）。点击菜单栏上 File→Open a file，选择 fasta 文件或直接拖拽 fasta 文件到 MEGA 界面，在弹出的对话框中选择 Align，弹出 Alignment Explorer 界面。

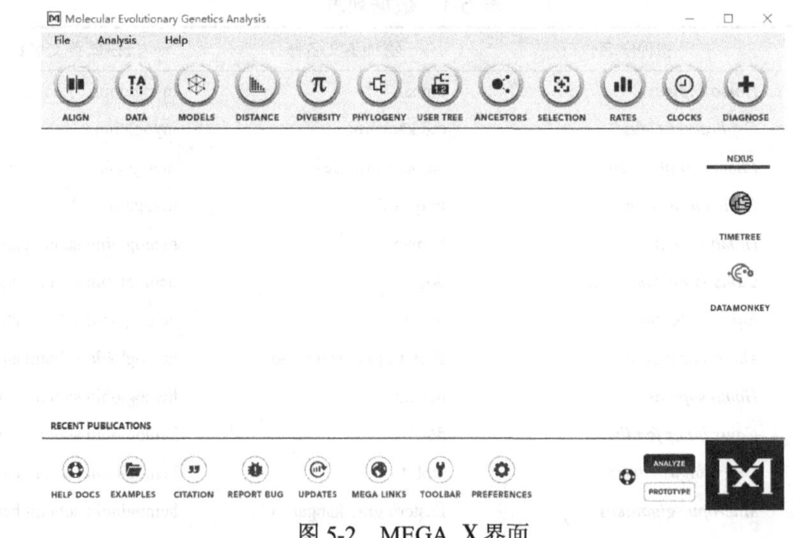

图 5-2 MEGA X 界面

（3）点击菜单栏上 Alignment→Align by Clustal W，弹出 Clustal W 多序列比对参数设置对话框，采用默认参数即可，点击“OK”按钮，运行 Clustal W 多序列比对，结果如图 5-3 所示。

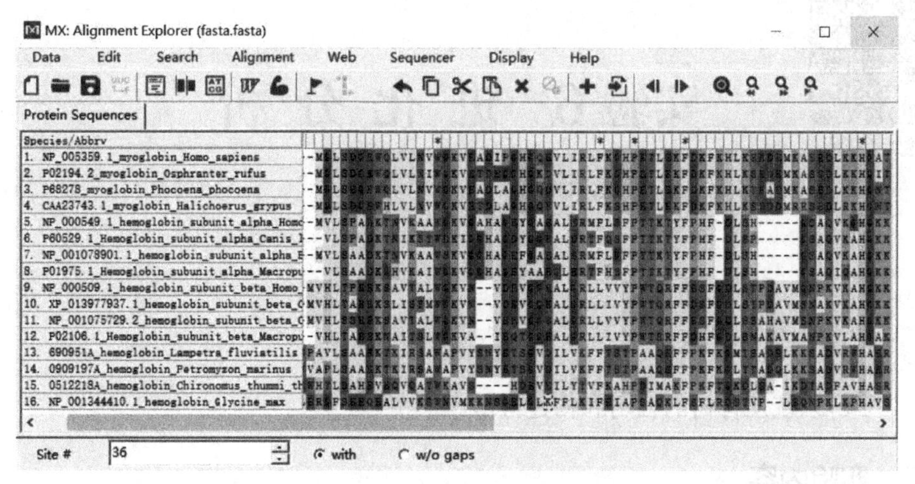

图 5-3 Clustal W 多序列比对结果

（4）点击菜单栏 Data→Export Alignment→MEGA Format，将比对结果以 meg 格式输出，然后关闭比对界面。

（5）在 MEGA 主窗口菜单栏点击 File→Open a file，打开上一步保存的 meg 格式文件，点击 Data→Explorer 或“T..A..”按钮，显示并查看多序列比对数据。

实验6 进化分析

一、实验目的

了解系统发育树的应用和构建方法。

二、实验内容

利用核酸或蛋白质序列构建系统发育树可以简单分为4个步骤（陈铭，2018）。

（1）获取并选择合适的分子序列：通过实验测序或数据库搜索获取合适的同源分子序列。

（2）多序列比对：通过运用特定的数学模型或算法，找出多个序列之间的最大匹配碱基或残基数，序列比对结果可以反映序列之间的相似性，从而判断序列之间的同源性。

（3）选择合适的建树方法：常用的建树方法有距离法、最大简约法（maximum parsimony，MP）、最大似然法（maximum likelihood，ML）和贝叶斯法（Bayesian method），距离法包括非加权分组平均法（unweighted pair group method with arithmetic mean，UPGMA）、邻接法（neighbor-joining method，NJ）等。应用时需考虑方法适用范围和计算速度。

（4）评估系统发育树：自展检验（bootstrap）是一种常用的重复抽样检验方法，用于检验系统发育树分支的可信度。自展值越高，说明分支的可信度越高，一般自展值大于70%，则认为构建的系统发育树较为可靠。

本实验通过对动物球蛋白氨基酸序列的多序列比对和建树，探索常见球蛋白的系统发育地位。

三、实验步骤

（1）在双序列比对实验得到的meg文件的基础上，返回MEGA主窗口，点击Analysis→Phylogeny→Construct/Test Neighbor-Joining Tree，在弹出的参数设置

窗口中设置检验方法和次数（图 6-1），点击“OK”按钮。

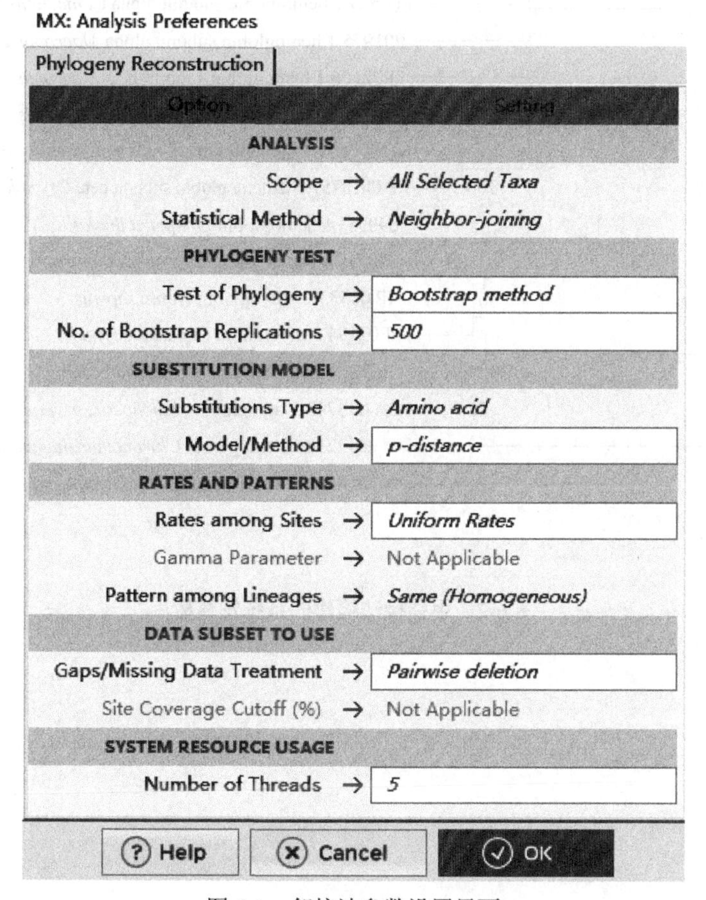

图 6-1 邻接法参数设置界面

（2）运算后，弹出的 Tree Explorer 窗口显示原始树（original tree）和自展检验一致树（bootstrap consensus tree）（图 6-2）。点击 File→Save Current Session 保存树的 mts 图形文件，方便下次再次打开和编辑。

（3）在 MEGA 主窗口菜单栏点击 Data→Explorer 或“T..A..”按钮，可以重新勾选用于建树的目标序列。

（4）尝试用 Analysis→Phylogeny 下的其他方法构建系统发育树。

（5）尝试通过 View→Tree/Branch Style 变化树形；通过 Subtree 下选项调整树的拓扑结构；通过 View→Options 下选项优化树的形态。

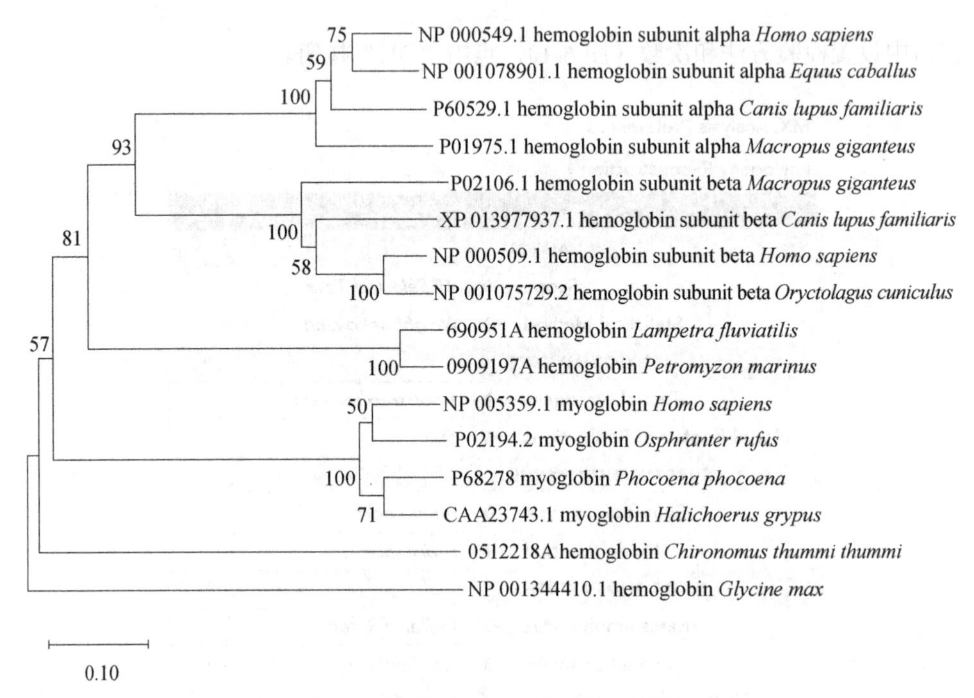

图 6-2 用邻接法构建的系统发育树

实验 7 基因预测

实验 7-1 基因翻译蛋白

一、实验目的

学会将核酸序列翻译为蛋白质序列的原理和方法。

二、实验内容

本实验采用 EMBOSS 将核酸序列翻译为蛋白质序列。翻译基因序列是将正义链和反义链在不移码、移码一次和移码两次的条件下，根据三联密码子翻译成蛋白质序列。

三、实验步骤

（1）下载小鼠亮氨酸拉链转录因子 L36435 的 CDS fasta 格式序列（图 7-1）。

图 7-1 小鼠亮氨酸拉链转录因子 L36435 的 CDS fasta 格式序列界面

（2）进入 EMBOSS 网页（http://www.bioinformatics.nl/emboss-explorer/）（图 7-2）。

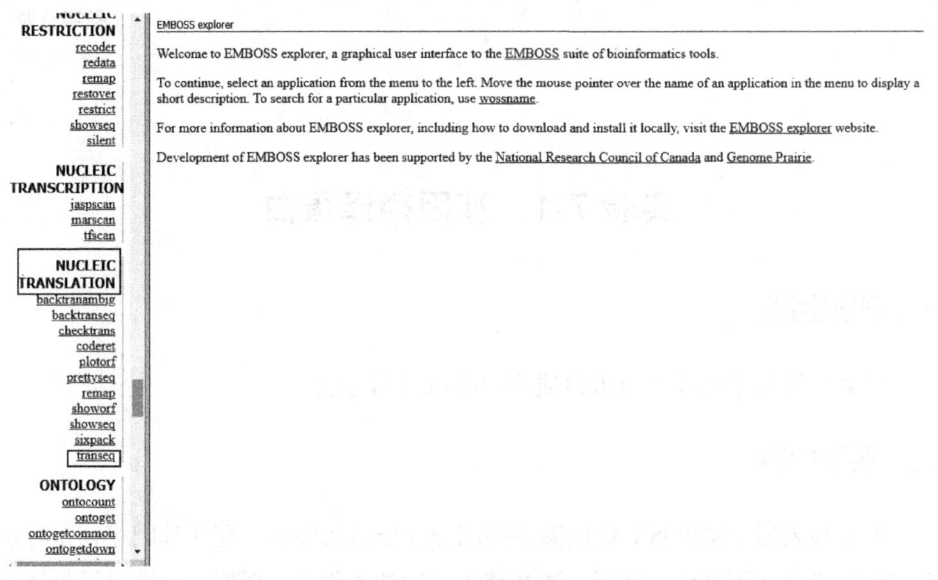

图 7-2　EMBOSS 网站主页

（3）EMBOSS 提供多种数据的在线分析，在左侧选择 NUCLEIC TRANSLATION→transeq（图 7-2）。上传 fasta 文件，点击下方运行（图 7-3，图 7-4）。

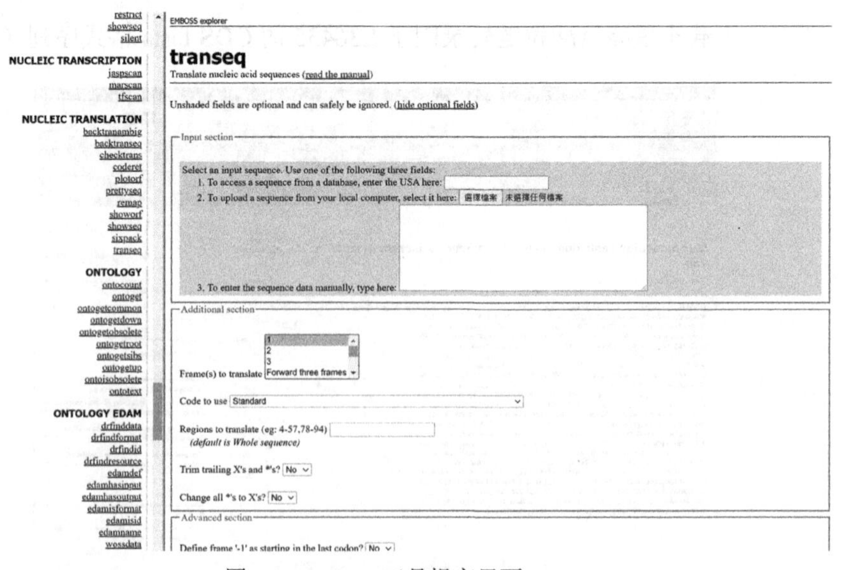

图 7-3　transeq 工具提交界面

restrict
showseq
silent

NUCLEIC TRANSCRIPTION
jaspscan
marscan
tfscan

NUCLEIC TRANSLATION
backtranambig
backtranseq
checktrans
coderet
plotorf
prettyseq
remap
showorf
showseq
sixpack
transeq

ONTOLOGY
ontocount
ontoget
ontogetcommon
ontogetdown
ontogetobsolete
ontogetroot
ontogetsibs
ontogetup
ontoisobsolete
ontotext

ONTOLOGY EDAM
drfinddata
drfindformat
drfindid
drfindresource
edamdef
edamhasinput
edamhasoutput
edamisformat
edamisid
edamname
wossdata

Unshaded fields are optional and can safely be ignored. (hide optional fields)

Input section

Select an input sequence. Use one of the following three fields:
1. To access a sequence from a database, enter the USA here:
2. To upload a sequence from your local computer, select it here: 選擇檔案 未選擇任何檔案
3. To enter the sequence data manually, type here:

```
AGCGGCGACTCCGACGCGTCCAGCCCGCGCTCCAACTGCTCCGACGGCATG
ATGGACTACAGCGGCCCCCCGAGCGGCGCCCGGCGGCGGAACTGCTACGAA
GGCGCCTACTACAACGAGGCGCCCAGCGAACCCAGGCCCGGGAAGAGTGCG
GCGGTGTCGAGCCTAGACTGCCTGTCCAGCATCGTGGAGCGCATCTCCACC
GAGAGCCCTGCGGCGCCCGCCCTCCTGCTGGCGGACGTGCCTTCTGAGTCG
CCTCCGCGCAGGCAAGAGGCTGCCGCCCCCAGCGAGGGAGAGAGCAGCGGC
GACCCCACCCAGTCACCGGACGCCGCCCCGCAGTGCCCTGCGGGTGCGAAC
CCCAACCCGATATACCAGGTGCTCTGAACTAAGAAGTTCA
```

Additional section

Frame(s) to translate: -2 / -3 / Reverse three frames / All six frames

Code to use: Standard

Regions to translate (eg: 4-57,78-94)
(default is Whole sequence)

Trim trailing X's and *'s? No

Change all *'s to X's? No

Advanced section

Define frame '-1' as starting in the last codon? No

Change initial START codons to Methionine? Yes

Output section

图 7-4 transeq 工具提交参数选择

（4）得到翻译的蛋白质序列（图 7-5）。

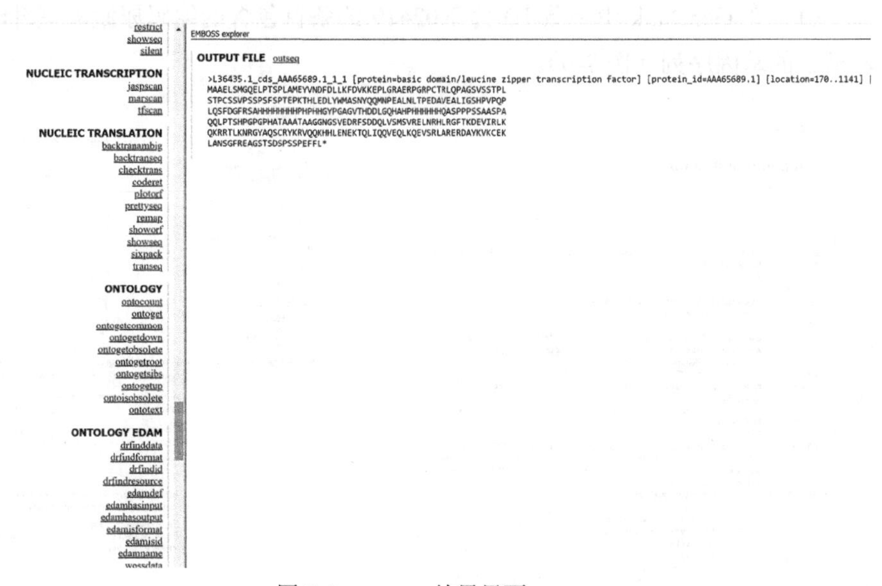

图 7-5 transeq 结果界面

实验 7-2　基因编码区预测

一、实验目的

介绍常用的基因预测工具，了解基因预测的原理、方法与应用。

二、实验内容

本实验使用 GENSCAN 预测真核生物基因的编码序列（CDS）。翻译基因序列和基因预测存在一定区别：翻译软件可以翻译任何上传的序列，无论这个 DNA 序列是否真的是编码序列。而基因预测软件则通过寻找可靠的证据，如碱基组成、与已知 CDS 的相似性、是否存在基序等来预测编码区域在基因序列中的位置。

三、实验步骤

（1）在 GenBank 中下载 ID 为 X02419 的条目包含的编码尿激酶型纤溶酶原激活物的基因序列（图 7-6）。

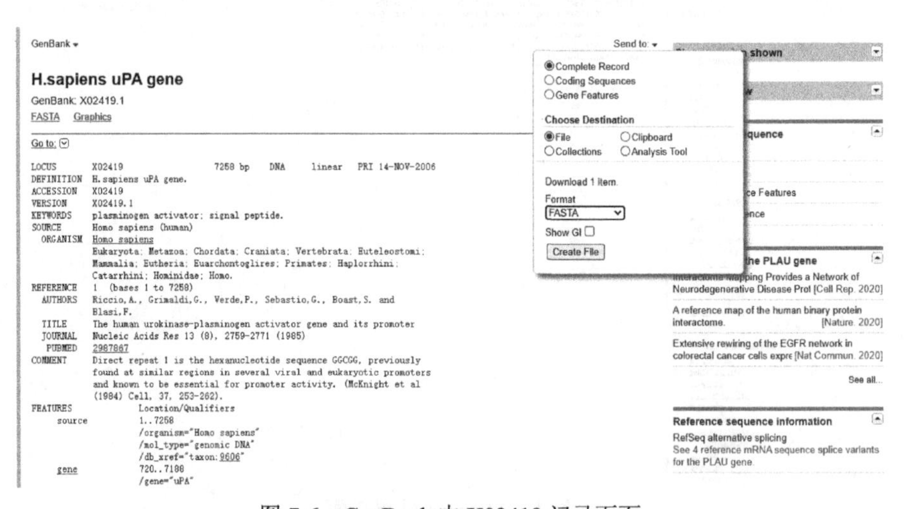

图 7-6　GenBank 中 X02419 记录页面

（2）进入 GENSCAN（http://hollywood.mit.edu/GENSCAN.html），上传 fasta 格式文件，点击运行（图 7-7）。

（3）得到预测的 CDS（图 7-8）。

The GENSCAN Web Server at MIT

Identification of complete gene structures in genomic DNA

For information about Genscan, click here

Server update, November, 2009: We've been recently upgrading the GENSCAN webserver hardware, which resulted in some problems in the output of GENSCAN. We apologize for the inconvenience. These output errors were resolved.

This server provides access to the program Genscan for predicting the locations and exon-intron structures of genes in genomic sequences from a variety of organisms.

This server can accept sequences up to 1 million base pairs (1 Mbp) in length. If you have trouble with the web server or if you have a large number of sequences to process, request a local copy of the program (see instructions at the bottom of this page).

Organism: Vertebrate Suboptimal exon cutoff (optional): 1.00

Sequence name (optional):

Print options: Predicted peptides only

Upload your DNA sequence file (upper or lower case, spaces/numbers ignored): Choose File No file chosen

Or paste your DNA sequence here (upper or lower case, spaces/numbers ignored):

Run GENSCAN Clear Input

Back to the top

图 7-7 GENSCAN 提交页面

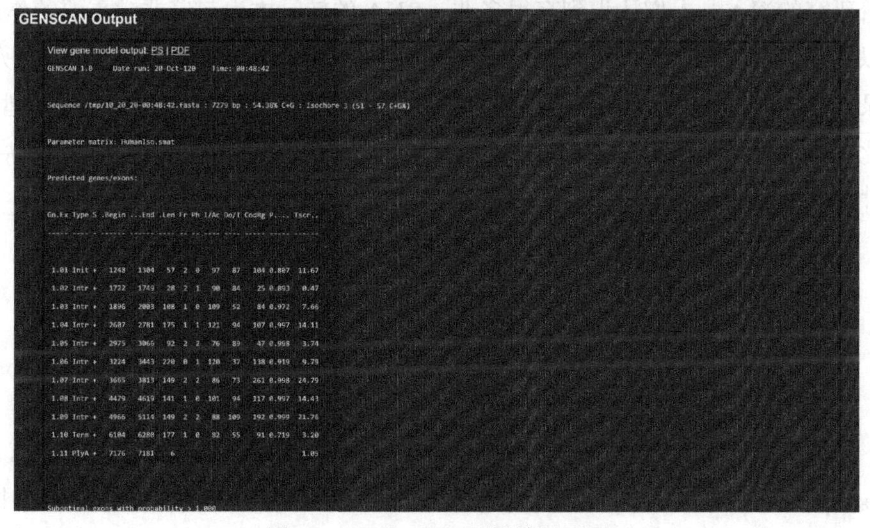

图 7-8 GENSCAN 预测结果界面

【练习】

编写一个脚本实现核酸序列翻译蛋白质序列的功能。

数字资源

实验8　转录组分析

实验8-1　转录组数据准备

一、实验目的

初步了解转录组（transcriptome）的基础知识和简单流程，学会如何在公共数据库，如NCBI上获取测序数据。学会使用SRA Toolkit。

二、实验内容

转录组是基因转录后的产物，狭义上的转录组一般指样本中的所有mRNA，随着研究的深入，人们认识到有很多非mRNA的转录本也起着非常重要的作用，所以现在转录组一般指广义上的转录组，即mRNA、ncRNA和micRNA等所有转录本。基因表达的变化直接引起转录本的变化，进而导致相关蛋白质和表型的变化。转录组测序技术可以获得基因表达后的所有转录本，检测到不同生理病理条件下的基因表达差异。

常规RNA测序（RNA-seq）的三种分析策略如图8-1所示。

三、实验步骤

1. 转录组数据的准备

选择感兴趣的文章和数据，本部分拟以文章“Multiple reference genomes and transcriptomes for *Arabidopsis thaliana*”（Gan et al.，2011）为例。首先在文章中找到数据获取地址（图8-2）。

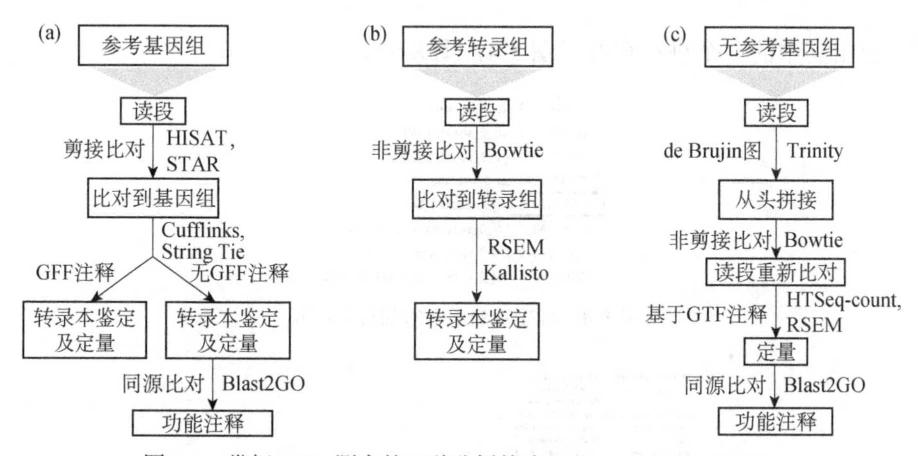

图 8-1　常规 RNA 测序的三种分析策略（Conesa et al.，2016）

（a）有参考基因组并分析新转录本的策略；（b）有参考基因组并分析基因组已知转录本的策略；（c）无参考基因组的分析策略

Accession codes

Primary accessions

Gene Expression Omnibus

GSE30814

Data deposits

DNA sequencing data are deposited in the European Nucleotide Archive (http://www.ebi.ac.uk/ena/) under accession number ERP000565. RNA sequencing data are deposited in the Gene Expression Omnibus (http://www.ncbi.nlm.nih.gov/geo/) under accession number GSE30814. Data are also available at http://mus.well.ox.ac.uk/19genomes. Genome annotations are viewable at http://fml.mpg.de/gbrowse-19g.

图 8-2　数据获取地址

在 NCBI 的 GEO DataSets 栏搜索 GSE30814（图 8-3）。

NCBI Resources How To Sign in to NCBI

GEO DataSets | GEO DataSets | GSE30814 | Search

Create alert Advanced | Help

Entry type: DataSets (0), Series (1), Samples (48), Platforms (1)
Organism: Customize ...
Study type: Expression profiling by array, Methylation profiling by array, Customize ...
Author: Customize ...
Attribute name: tissue (49), strain (0), Customize ...
Publication dates: 30 days, 1 year, Custom range...
Clear all

Summary 20 per page Sort by Default order | Send to:

Multiple reference genomes and transcriptomes for Arabidopsis thaliana
This SuperSeries is composed of the SubSeries listed below.
Species: Arabidopsis thaliana Type: Expression profiling by high throughput sequencing
Dataset: GSE30814
PubMed

Search results

Items: 1 to 20 of 50 | << First < Prev Page 1 of 3 Next > Last >>

1. Multiple reference genomes and transcriptomes for Arabidopsis thaliana
(Submitter supplied) This SuperSeries is composed of the SubSeries listed below.
Organism: Arabidopsis thaliana
Type: Expression profiling by high throughput sequencing
Platform: GPL11221 48 Samples
Download data: TXT
Series Accession: GSE30814 ID: 200030814
PubMed Full text in PMC Similar studies

2. Illumina Genome Analyzer IIx (Arabidopsis thaliana)
Organism: Arabidopsis thaliana
107 Series 2711 Samples
Download data

Filters: Manage Filters
Top Organisms [Tree]
Arabidopsis thaliana (50)
Find related data
Database: Select
Search details
GSE30814[All Fields]
Search See more...
Important Links
GEO Home
GEO Documentation

图 8-3　NCBI 中的数据

点击其中的一个进行查看（图 8-4，图 8-5）。

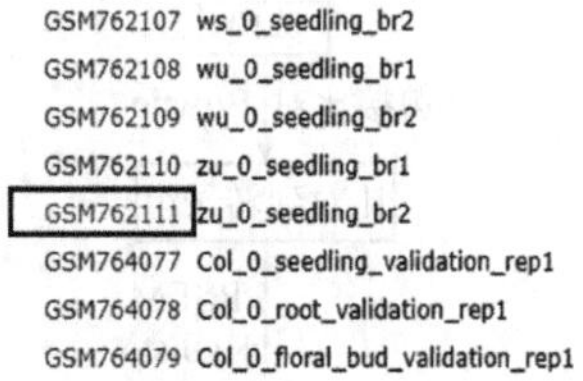

GSM762107 ws_0_seedling_br2
GSM762108 wu_0_seedling_br1
GSM762109 wu_0_seedling_br2
GSM762110 zu_0_seedling_br1
GSM762111 zu_0_seedling_br2
GSM764077 Col_0_seedling_validation_rep1
GSM764078 Col_0_root_validation_rep1
GSM764079 Col_0_floral_bud_validation_rep1

图 8-4　GSE30814 中的部分数据集

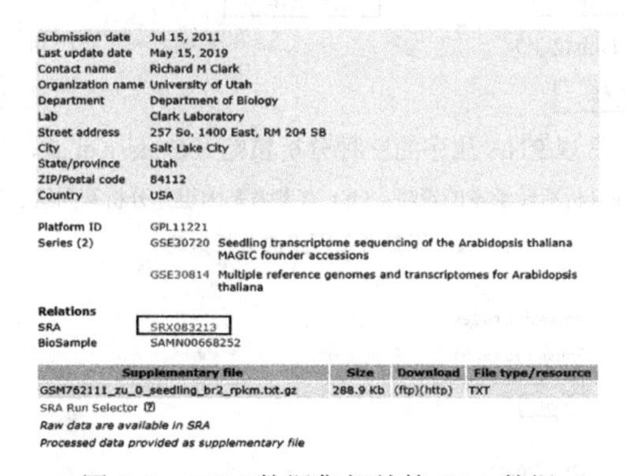

图 8-5　GSM 数据集相关的 SRA 数据

2. SRA Accession 获取

由上一步可以获得 SRA Accession（图 8-6）。

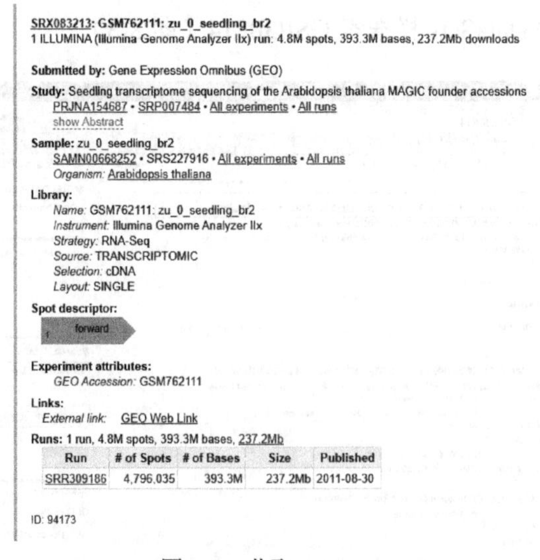

图 8-6　获取 SRA Accession

3. 在 Linux 系统中下载 SRR309186

方法一：SRA Toolkit 下载

SRA Toolkit 是 NCBI 提供的下载软件，该软件的下载地址为 https://trace.ncbi.nlm.nih.gov/Traces/sra/sra.cgi?view=software（图 8-7）。

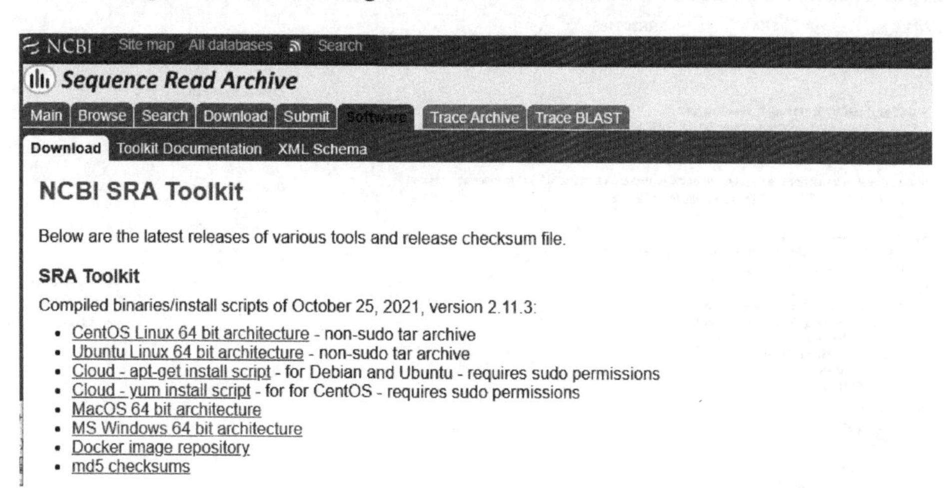

图 8-7　下载 SRA Toolkit

下载安装匹配的 SRA Toolkit 版本后，可以使用 SRA Toolkit 的 prefetch 进行下载，如图 8-8 所示。

```
root@WZX3:~# prefetch SRR309186

2020-11-25T01:49:26 prefetch.2.9.0: 1) Downloading 'SRR309186'...
2020-11-25T01:49:26 prefetch.2.9.0:  Downloading via https...
```

图 8-8　使用 prefetch 下载的 SRA 数据

方法二：迅雷下载

prefetch 为 NCBI 提供的下载方法，但有时会莫名其妙地下载不了。这时可以选择迅雷来下载。只需要得到数据的 SRR 号，就可以根据下载地址有规律地生成所有样品的 ftp 下载地址，之后复制到迅雷就可以下载了。

方法三：wget 下载

前两种方法都能够比较快速、稳定地下载 SRA 数据，但是偶尔也会遇到一些特殊的数据是下载不了的，这时就需要用第三种方法。

获取 SRA 的编号 SRR309186→在 SRA 数据库中输入编号 SRR309186，点击 Search→在结果页面中找到 Send to→点击 File 文件，在 Format 选择 RunInfo→点

击 Create File，这样你就获得了一个 SraRunInfo.csv 文件，打开文件就可以看到 download_path 中的下载链接，可以直接在浏览器中输入下载链接后下载，就是下载速度非常慢；也可以选择在服务器中利用“wget+链接”进行下载（图 8-9）。

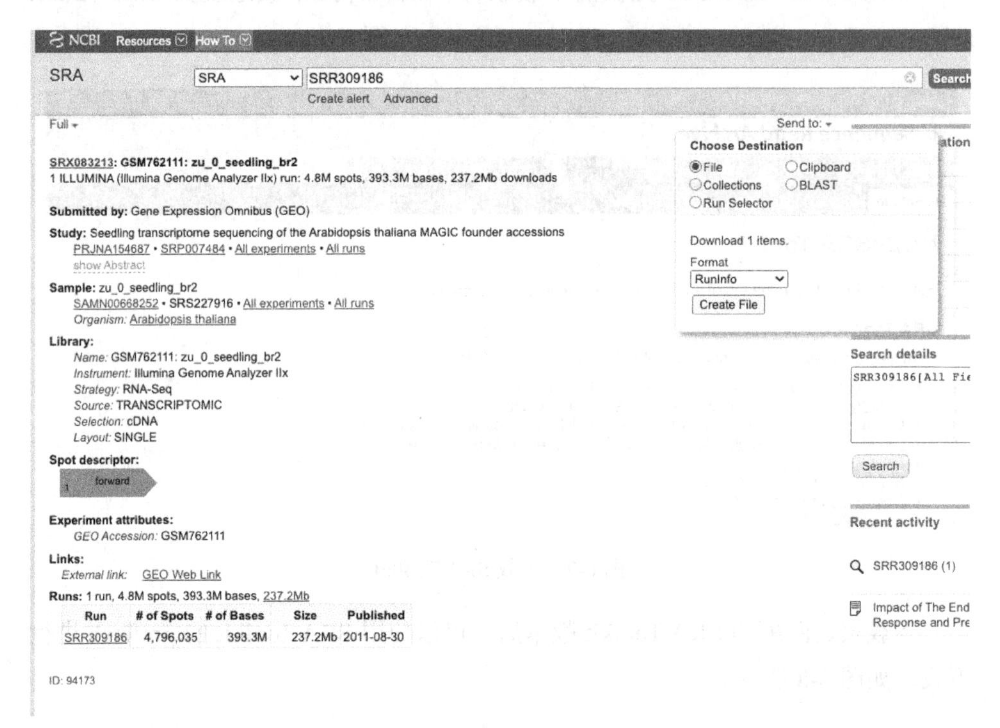

图 8-9 获取文件下载链接的方法

```
1.  wget  https://sra-downloadb.be-md.ncbi.nlm.nih.gov/sos1/sra-pub-run-1/SRR309186/SRR309186.3
```

4. SRA 格式转 fastq 格式

SRA 文件的解压主要是用 SRA Toolkit 中的 fastq-dump 命令，具体操作如下（图 8-10）。

```
1.  fastq-dump --gzip --split-3 -O ./ SRR309186.sra
2.  gunzip SRR309186.fastq.gz
```

```
root@WZX3:~# fastq-dump --gzip --split-3 -O ./ SRR309186.3
Read 4796035 spots for SRR309186.3
Written 4796035 spots for SRR309186.3
```

图 8-10 fastq-dump 运行命令示意图

实验 8-2　质　　控

一、实验目的

学会使用 FastQC 进行测序结果的质控，认识 FastQC 报告结果。

二、实验内容

测序结果的好坏会影响后续数据分析的可靠性，故在测序完成后需要通过一些指标对原始测序结果进行评估，如 GC 含量、序列重复程度、是否存在接头等。评估 Illumina 测序结果的常用工具为 FastQC（Andrews，2010），网址为 https://www.bioinformatics.babraham.ac.uk/projects/fastqc/。FastQC 官网给出了测序结果好坏评判的范例。实际研究中主要关注每个碱基的质量（per base sequence quality）、每个碱基的含量（per base sequence content）、序列的 GC 含量（per sequence GC content）及序列重复水平（sequence duplication level）等指标。“√”代表质量达标，“!”代表轻微失常，“X”代表严重失常。根据质量评估的结果来决定是否需要采取相关的手段，如去接头、过滤低质量读长（reads）、截断序列（主要截断序列起始的接头或者低质量读序）等。常用的工具有 FASTX-Toolkit（http://hannonlab.cshl.edu/fastx_toolkit/）和 Trimmomatic（Bolger et al.，2014）等。如果经过处理之后，评估测序结果仍然较差，说明该样本的测序质量较低，应慎重考虑是否用于后续数据分析。

三、实验步骤

（1）评价原始读长质量的软件有 FastQC、FASTX、Trimmomatic、Cutadapt、PRINSEQ 等。这里以 FastQC 和部分示例数据进行学习。在命令行窗口输入：

```
1.  fastqc -h
```

会显示出 FastQC 的详细用法说明（图 8-11）。

输入：

```
1.  fastqc SRR309186.fastq
```

```
            FastQC - A high throughput sequence QC analysis tool

SYNOPSIS

        fastqc seqfile1 seqfile2 .. seqfileN

    fastqc [-o output dir] [--(no)extract] [-f fastq|bam|sam]
           [-c contaminant file] seqfile1 .. seqfileN

DESCRIPTION

    FastQC reads a set of sequence files and produces from each one a quality
    control report consisting of a number of different modules, each one of
    which will help to identify a different potential type of problem in your
    data.

    If no files to process are specified on the command line then the program
    will start as an interactive graphical application.  If files are provided
    on the command line then the program will run with no user interaction
    required.  In this mode it is suitable for inclusion into a standardised
    analysis pipeline.

    The options for the program as as follows:

    -h --help       Print this help file and exit

    -v --version    Print the version of the program and exit

    -o --outdir     Create all output files in the specified output directory.
                    Please note that this directory must exist as the program
                    will not create it.  If this option is not set then the
```

图 8-11 FastQC 的详细用法说明

程序运行完成后，会出现***_fastqc.html 和***_fastqc.zip 两个文件。打开 html 文件可以直观地看到数据的质量（图 8-12）。

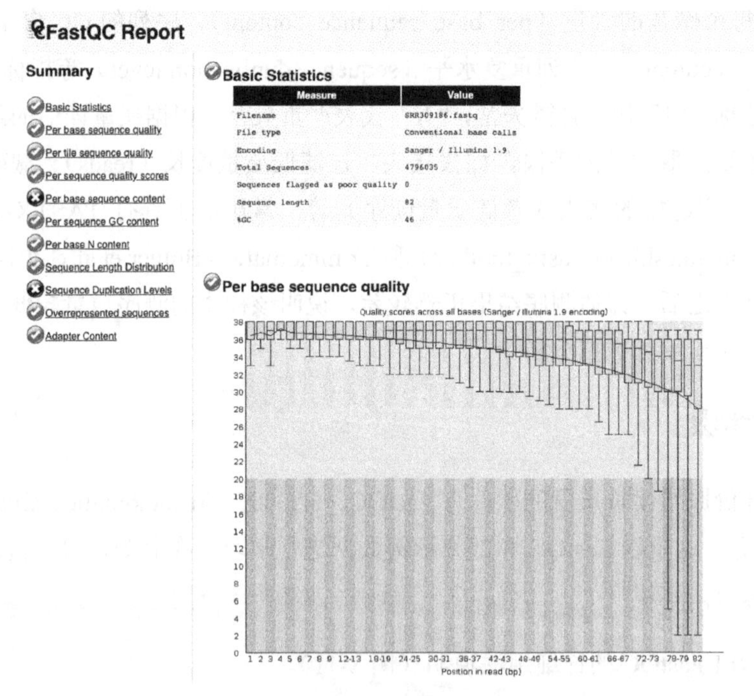

图 8-12 SRR309186 数据 FastQC 的结果示意图

测序数据中的碱基质量的得分一般为 0～40。在质量控制过程中，一般每条序列碱基的平均得分要大于 25，越高越好。

如果数据中包含低质量序列，就需要过滤（filtered）或者截断（trimmed）低质量序列。FASTX 去除低质量数据是根据单个碱基质量和整体序列质量（有百分之多少的碱基必须大于最低值）进行的。PRINSEQ 和 Trimmomatic 基于序列碱基的平均质量，它们可以去除双末端测序的短序列。

（2）去除低质量序列。这里用 FASTX-Toolktit 的程序进行低质量序列过滤（图 8-13）。

```
1.   #保留有 90%的碱基质量在 28 以上的序列
2.   fastq_quality_filter -Q 33 -q 28 -p 90 -i SRR309186.fastq -o SRR309186.fastq.filter
3.   fastx_trimmer -Q 33 -f 10 -l 79 -i SRR309186.fastq.filter -o SRR309186.fastq.trimmer
4.   fastqc SRR309186.fastq.trimmer
```

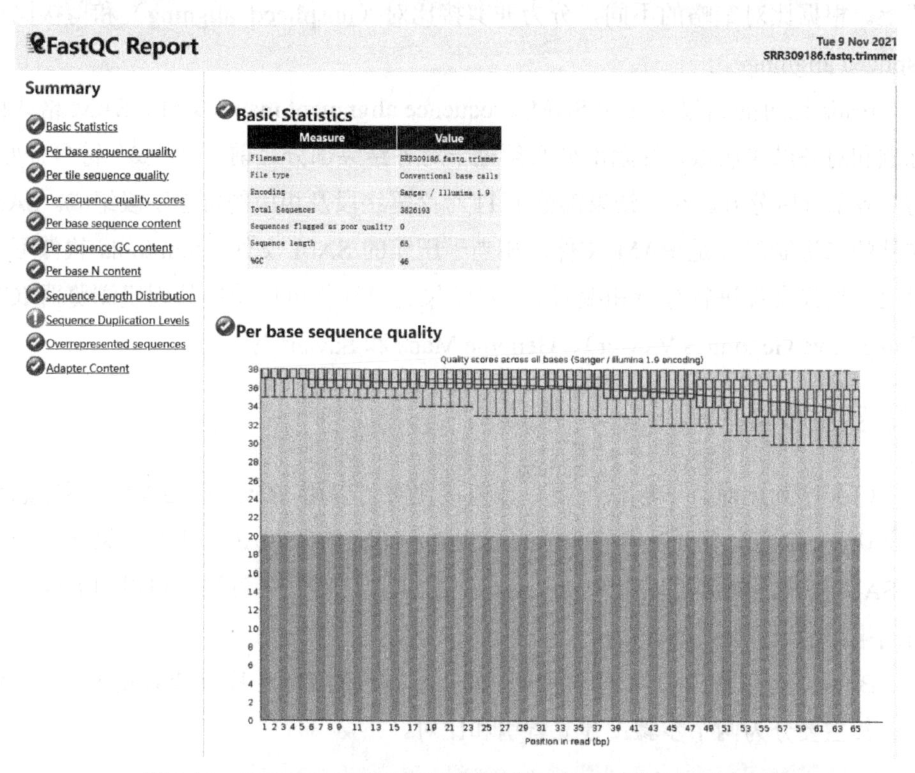

图 8-13　SRR309186 进行质量控制后的 FastQC 的结果示意图

【练习】

对下载的测序数据 SRR309173，进行质量控制处理。

实验 8-3 序 列 映 射

一、实验目的

了解序列映射（比对）的相关概念，学会使用 Bowtie 工具进行序列比对，学会使用 Samtools 工具进行 SAM 到 BAM 格式的转化，学会使用 IGV 观察序列的特点。

二、实验内容

序列映射是指将测序获得的序列片段匹配到参考基因组或转录组的相应位置上。根据比对策略的不同，分为非剪接比对（unspliced aligning）和剪接比对（spliced aligning）。

reads 比对的结果文件为 SAM（sequence alignment map）文件，SAM 格式由标题和对齐结果组成。标题部分必须处于对齐结果部分之前，以“@”符号开始，与对齐部分区分开。对齐结果部分由 11 个必需字段及相应的可选字段组成。SAM 文件的二进制形式是 BAM 文件，相当于压缩的 SAM 文件。Samtools 软件可以对比对结果文件进行分析和编辑。比对结果的可视化可以使用基因组浏览器 IGV（Integrative Genomics Viewer）、Genome Maps 和 Savant 等。

三、实验步骤

（1）序列比对。一般情况下，非剪接比对可以用 Bowtie、BWA（不考虑可变剪切）；剪接比对可以用 TopHat、STAR、HISAT/GSNAP。比对结果文件一般为 SAM 格式，随后可以用 Samtools 进行处理；比对结果可视化可以用 IGV；比对结果评估可以用 Qualimap。

Bowtie 可以快速、精确地将短序列匹配到长的 DNA 序列或者是 RNA 序列上。其主要分为两个步骤：建立索引和比对。

```
1.  #建立索引
2.  bowtie2-build -f TAIR10_chr.fa TAIR10_chr.fa
3.  #比对
4.  bowtie2 -q --phred33 -U SRR309186.fastq.trimmer -p 1 -x
```

```
TAIR10_chr.fa  -S SRR309186.aligned.sam
   5.  bowtie2 SRR309186.fastq.trimmer -p 1 -x TAIR10_chr.fa  -S
SRR309186.aligned.sam
```

（2）SAM 格式的文件很多时候都需要转换成 BAM 格式的文件，并且可用 Samtools 进行排序、建立索引或者合并等操作。常用的功能和命令如下。

- 将 SAM 文件转换为 BAM 文件：

samtools view -bS -o alignments.bam input.sam

- 将 BAM 文件转换为 SAM 文件：

samtools view -h -o alignments.sam input.bam

- 将 BAM 文件按照染色体位置排序：

samtools sort alignments.bam alignments.sorted

samtools sort -n alignments.bam alignments.namesorted

- 对基于坐标排序后 bam 文件建立索引：

samtools index alignments.sorted.bam

- 对 BAM 文件进行指定区域查看和选择：

samtools view -b -o alignments.18.bam alignments.bam 18

用法举例：

```
   1.  samtools view -bS -o SRR309186.bam SRR309186.aligned.sam
   2.  samtools sort SRR309186.bam -o SRR309186.sorted.bam
   3.  samtools index SRR309186.sorted.bam
```

（3）很多时候需要直观地来观察比对的结果。例如，找到了新的转录本的位置，可变剪切的位置，单核苷酸多态性（SNP）的位置；或者不同外显子的覆盖程度。比较两组数据在基因组上的不同，或者和基因组进行比较。这时就可以用可视化的工具如 IGV 进行观察（图 8-14）。

【练习】

利用下载的测序数据 SRR309173，练习使用以下软件：

（1）Bowtie

（2）Samtools

（3）IGV

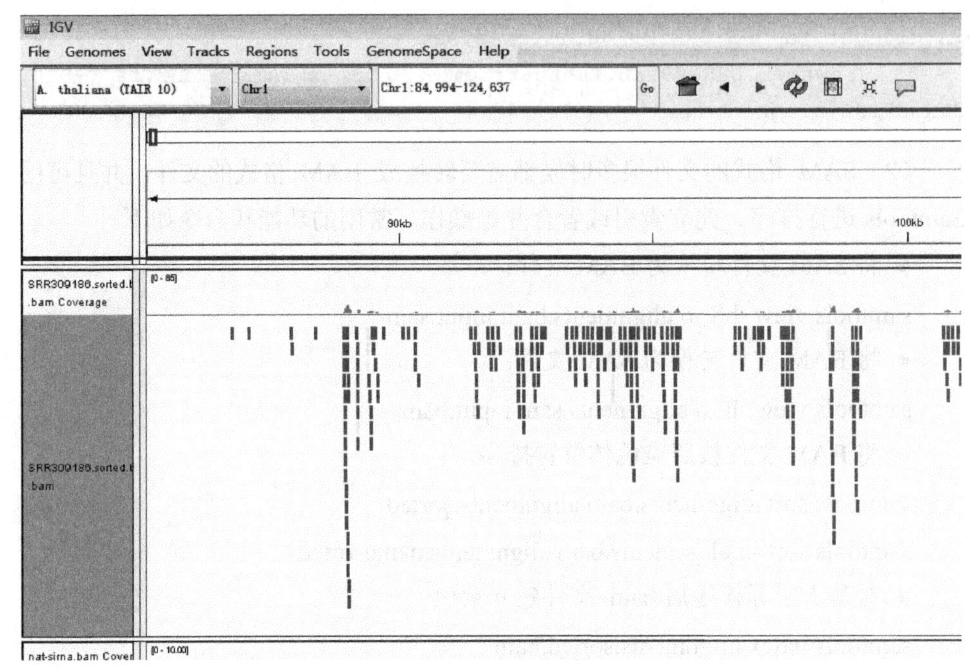

图 8-14 IGV 实例图

实验 8-4 转录本定量

一、实验目的

了解两种 reads 计数的策略，学会使用 Cufflinks 对转录本进行组装和 reads 计数。

二、实验内容

相较于基因芯片技术，RNA-seq 技术有诸多优势：通量更高；不依赖已知转录本探针，可以检测全转录组；对于低表达丰度的转录本灵敏度高等。RNA- seq 通常利用转录本匹配到的 reads 数估算表达，比芯片技术的荧光信号更为精确。

1. reads 计数

reads 计数根据对多重比对 reads 处理方式的不同分为两种策略：①只选择唯一匹配 reads 计数。这种方式会将多重比对的 reads 舍弃，一般用于估计基因水平的 reads 匹配数。常用的工具有 HTSeq-count 和 featureCounts，需要比对结果 SAM 文件和包含基因注释信息的 GTF 文件作为输入。②保留多重匹配的 reads。利用统计模型将多重比对的 reads 定位到对应的转录本异构体上，如 Cufflinks、StringTie 和 RSEM 等工具。

2. RNA 定量标准化

reads 数受到基因长度、测序深度和测序误差等影响，需要归一化处理之后才能用于差异表达分析。常用的标准化策略有 RPKM、FPKM 和 TPM 等。RPKM（reads per kilobase of exon model per million reads）即每 100 万 reads 比对到每 1kb 碱基外显子的 reads 数目。FPKM（fragments per kilobase of exon model per million mapped reads）和 TPM（transcripts per million）为 RPKM 的衍生方法。对于单末端测序，RPKM 和 FPKM 是一致的。在双末端测序中，FPKM 更为可靠。TPM 值可以通过 FPKM 换算得到，三者都可以通过 Cufflinks 和 StringTie 等软件进行计算。RPKM 方法校准了基因长度引起的偏差，同时使用样本中总的 reads 数来校正测序深度差异。使用总 reads 数校正的好处是不同处理组得到的表达量值恒定，可以合并分析，缺点是容易受到表达异常值的影响。

三、实验步骤

Cufflinks 既是一套工具的名称，也是该套件中的一个程序，该工具可以快速组装转录本，并且可以估计转录本的丰度，进行差异表达计算（基于 Bowtie2 和 TopHat2）。其包括多个程序：Cufflinks 用于转录本组装，Cuffcompare 用于转录本与已有基因组注释比较，Cuffmerge 用于转录组合并，Cuffdiff 用于转录本差异表达分析。“经典”的 RNA-seq 工作流程为使用 TopHat 进行读取映射后，使用 Cufflinks 进行组装（图 8-15）。

一般用法为：cufflinks [options]* <aligned_reads.(sam/bam)>。

例如：

cufflinks -p 4 -o outdir tophat2/accepted hits.bam

cuffcompare -r ref.gtf transcripts.gtf

（1）利用 TopHat2 将序列文件进行映射，用法为：tophat[options]<bowtie_index> <reads1[, reads2, ...]>[reads1[, reads2, ...]]。

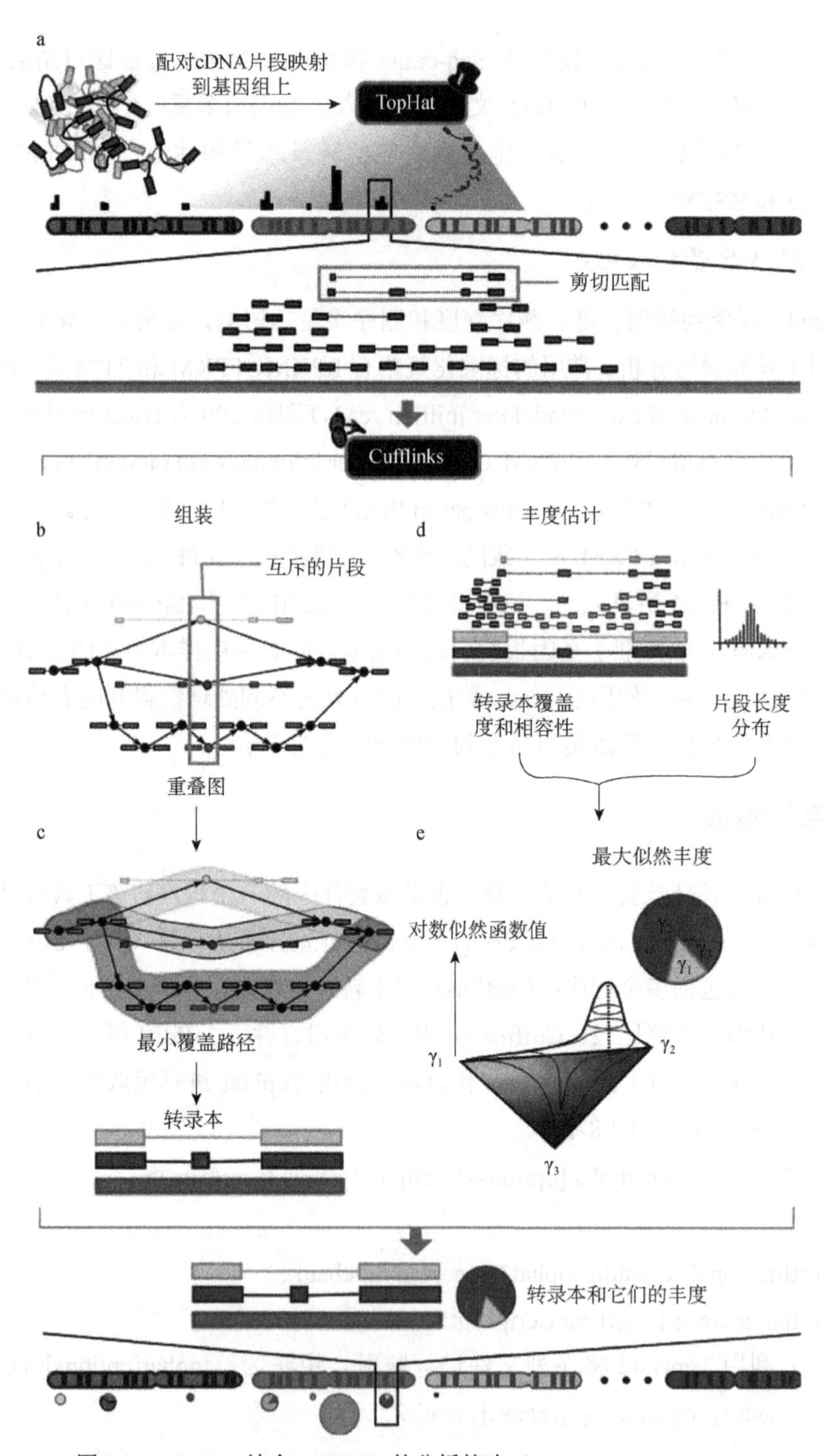

图 8-15　TopHat 结合 Cufflinks 的分析策略（Trapnell et al.，2010）

用上面的数据，举例命令如下：

```
1.  tophat  -G TAIR10_GFF3_genes.gff --library-type fr-unstranded
-o SRR309186_tophatOut/ TAIR10_chr.fa SRR309186Part.fastq
```

其中，-G 参数指定基因组注释文件，-o 指定输出文件，默认为./tophat_out，这里将文件输出到 SRR309186_tophatOut/，--library-type 指定测序方法，fr-unstranded 适用于非链特异性建库，是标准的 Illumina 建库方法。<bowtie_index>为 TAIR10_chr.fa，输入序列文件为：SRR309186Part.fastq。

（2）利用 Cufflinks 对映射的文件进行组装，举例命令如下：

```
2.  cufflinks  --no-update-check  -G  TAIR10_GFF3_genes.gff  -o
SRR309186_cufflinkstOut/ SRR309186_tophatOut/accepted_hits.bam
```

其中要注意的是，-G 根据指定的参考基因组注释进行组装；-g 使用参考基因组指导转录本组装。

出现如图 8-16 所示的运行界面。

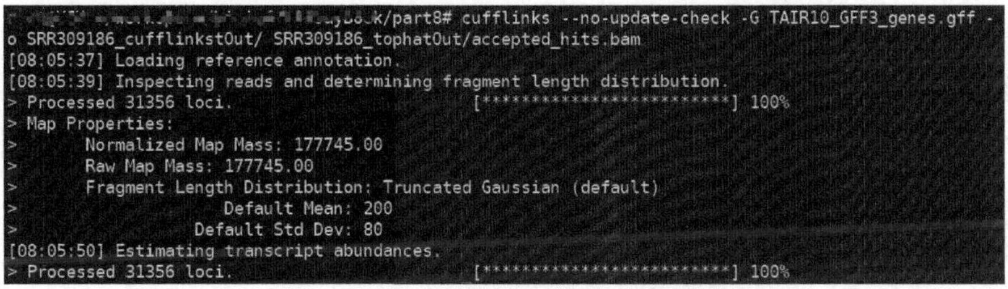

```
k/part8# cufflinks --no-update-check -G TAIR10_GFF3_genes.gff -
o SRR309186_cufflinkstOut/ SRR309186_tophatOut/accepted_hits.bam
[08:05:37] Loading reference annotation.
[08:05:39] Inspecting reads and determining fragment length distribution.
> Processed 31356 loci.                        [*************************] 100%
> Map Properties:
>       Normalized Map Mass: 177745.00
>       Raw Map Mass: 177745.00
>       Fragment Length Distribution: Truncated Gaussian (default)
>                     Default Mean: 200
>                 Default Std Dev: 80
[08:05:50] Estimating transcript abundances.
> Processed 31356 loci.                        [*************************] 100%
```

图 8-16　Cufflinks 运行界面

输出文件在 SRR309186_cufflinkstOut 文件夹下，共有 4 个文件：genes.fpkm_tracking，isoforms.fpkm_tracking，skipped.gtf 和 transcripts.gtf。

（3）利用 Cuffcompare 比较参考基因组和 Cufflinks 组装结果，举例命令如下：

```
3.  mkdir SRR309186_cuffcmpOut/
4.  cuffcompare -r TAIR10_GFF3_genes.gff -o SRR309186_cuffcmpOut/
SRR309186_cuffcmp SRR309186_cufflinkstOut/transcripts.gtf
```

输出文件夹 SRR309186_cuffcmpOut 中有 4 个文件：SRR309186_cuffcmp.combined.gtf，SRR309186_cuffcmp.stats，SRR309186_cuffcmp.loci，SRR309186_cuffcmp.tracking；其中 SRR309186_cuffcmpOut/SRR309186_cuffcmp 为输入的输出前缀。

【练习】

（1）对质量控制后的测序数据 SRR309173，进行映射和组装练习。

（2）利用 Cuffdiff 对样本 SRR309186 和 SRR309173 进行差异表达分析。

实验 8-5　差异表达分析

一、实验目的

理解差异表达分析的原因和意义，学会使用 DESeq2 进行基因差异表达分析。

二、实验内容

大多数情况下，生物学实验不仅关注转录本的表达丰度，同时还关注在不同条件下不同样本之间的差异表达。差异表达分析是指基于一些统计学模型，对不同样本处理下的基因表达差异进行分析，区分这种差异是源于处理效应还是随机误差。样本的选取对差异表达分析结果的影响较大，故当样本齐次性较差或者样本数量较大时，需要先对样本进行相关性分析，剔除异常样本，也可以使用主成分分析（principal component analysis，PCA）选取样本。对选定的样本进行归一化、建模和统计检验是差异表达分析的主要过程。差异表达分析的结果一般用差异倍数（fold change）和统计检验显著性值来描述。

三、实验步骤

以 DESeq2 为例寻找差异表达基因，步骤如下。

对于不同组别的样本，我们希望能找到它们有差异表达的基因。例如，寻找野生型和突变型之间的差异基因，可以认为突变型导致了这些基因表达的改变，从而引起表型的改变。差异表达基因分析可以分析两组以上样本之间的基因，常用的差异表达基因分析工具有 DESeq2、edgeR、Limma 等。

首先要有两组或两组以上样本的基因表达值，用实验 8-4 的转录组分析流程就可以获得基因在各个样本中的表达，本实验以 8.5.geneCountMatrix.txt 为例介绍 DESeq2 的用法。其次需要获得各个样本的分组信息。

（1）读取各个样本的基因表达值，DESeq2 导入的值最好为基因的读数，即 count。

```
1.    library("DESeq2")
2.    dataMatrix <- read.table("8.5.geneCountMatrix.txt",header=T)
3.    dim(dataMatrix)
4.    head(dataMatrix)
5.    rownames(dataMatrix)<- dataMatrix[,"gene_symbol"]
6.    dataMatrix <- dataMatrix[,2:dim(dataMatrix)[2]]
7.    head(dataMatrix)
```

（2）读取样本信息。

```
1.    coldata <- read.table("8.5,samplesInfor.txt",header = T)
2.    head(coldata)
```

（3）构建 DESeq2 对象。

```
1.    dds <- DESeqDataSetFromMatrix(countData = dataMatrix,
colData = coldata, design = ~ type)
2.    keep <- rowSums(counts(dds))>= 10   # 选择count数不小于10的基因
3.    dds <- dds[keep,]
```

注意：表达矩阵中样本的个数和名字要与样本信息中样本的个数和名字一致，在构建 DESeq2 对象中用 design 设置变量，即差异的分组。

（4）计算差异。

```
1.    dds <- DESeq(dds)
```

（5）查看差异表达的结果。

```
1.    dds.res <- results(dds,alpha = 0.05)
2.    #查看结果的基本信息
3.    summary(dds.res)
4.    resultsNames(dds)
5.    #有多少个p-adjust小于0.05的基因
6.    sum(dds.res$padj<0.05, na.rm=TRUE)
7.    #按照p-adjust从小到大排序
8.    dds.resOrdered <- dds.res[order(dds.res$padj),]
9.    #输出结果文件
10.   write.table(as.data.frame(dds.resOrdered),file="PTC_vs_ATC_
results.txt",sep="\t")
11.   #保存数据,方便后面的分析
12.   save(dds.res,"8.5.dds.res.Rdata")
```

【练习】

（1）筛选差异倍数在两倍以上，p-adjust 小于 0.05 的 ATC 组和 PTC 组的差异表达基因。

（2）分析 cellLine 的 C2 和 C1 的差异表达基因。

（3）尝试三个条件的差异分析。

实验 8-6　基因集功能富集分析

一、实验目的

了解基因集功能富集分析的目的，认识常用的基因注释信息数据库，学会使用 DAVID（Database for Annotation，Visualization and Integrated Discovery）和 clusterProfiler 进行基因集功能富集分析。

二、实验内容

富集分析即利用已知的基因功能注释信息作为先验知识，对目标基因集进行功能富集。富集分析相较于单基因分析具有许多优势：基因集结合基因功能作为先验知识，使得功能分析更加可靠；将海量的基因表达信息映射到关键的富集功能基因集，有利于系统性揭示生物学问题。常用的基因注释信息数据库有 Gene Ontology（GO）、Kyoto Encyclopedia of Genes and Genomes（KEGG）等。GO 即基因本体，是于 2000 年构建的结构化的标准生物学模型，旨在建立基因及其产物知识的标准体系，涵盖了细胞组分、分子功能和生物学过程三个方面。其中每个基因或基因产物都有与之相关的 GO 术语相对应。KEGG PATHWAY 数据库是一个手工绘制的代谢通路数据库，包含新陈代谢、遗传信息加工、环境信息加工、细胞过程、生物体系统、人类疾病和药物开发等多种分子相互作用和反应网络。常用的策略有基因富集分析和 Fisher 精确检验等。

三、实验步骤

1. 实验一：利用 DAVID 进行功能富集分析

DAVID 是经典的基因集功能富集的在线分析软件，其优点是方便好用，适合不会编程语言的用户使用；曾经有一段时间 DAVID 数据库更新较慢，导致很多用户不再用 DAVID，目前 DAVID 已经开始及时更新数据库。DAVID 最初是芯片时代最为知名的注释工具，因此还是保留了各种芯片的标识符（identifier）。DAVID 的主要功能如表 8-1 所示。

表 8-1　DAVID 的主要功能

DAVID 包含的工具	DAVID 包含工具的中文名	描述
Functional Annotation	功能富集分析	基于基因列表中基因的贡献对功能类别进行排序，以便快速揭示与细胞功能和途径相关的新生物过程
Gene Functional Classification	基因功能集聚类	将基因按功能进行分组
Gene ID Conversion	基因 ID 转换	将相同的基因在不同数据库中的 ID 进行转换
Gene Name Batch Viewer		将基因 ID 转换成基因名字

打开 DAVID 在线分析网站（https://david.ncifcrf.gov/summary.jsp），点击 Functional Annotation（图 8-17，图 8-18）。

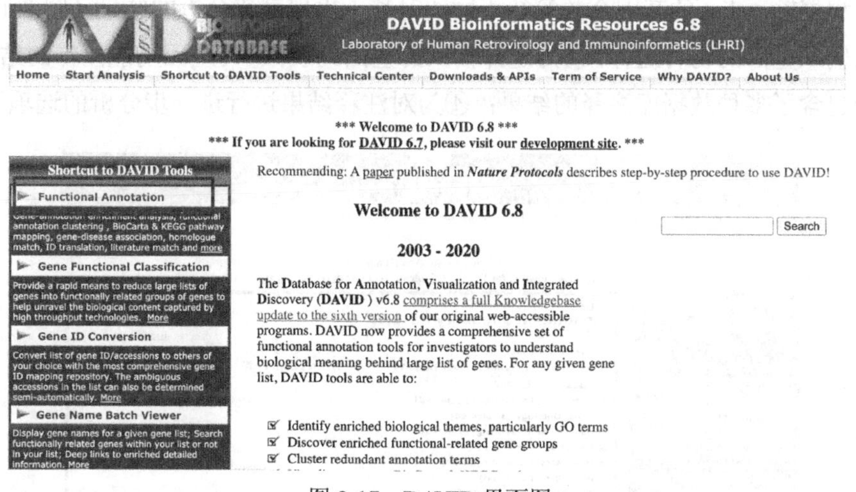

图 8-17　DAVID 界面图

（1）用 Excel 打开实验 8-5 差异表达基因的结果文件 PTC_vs_ATC_DEG.txt，复制基因（gene）名字的列表（list），粘贴到 DAVID 里。或者点击 Demolist。

（2）选择基因的识别数据库，这里用的是 gene symbol，所以选择 OFFICIAL_GENE_SYMBOL。

（3）勾选 Gene List。

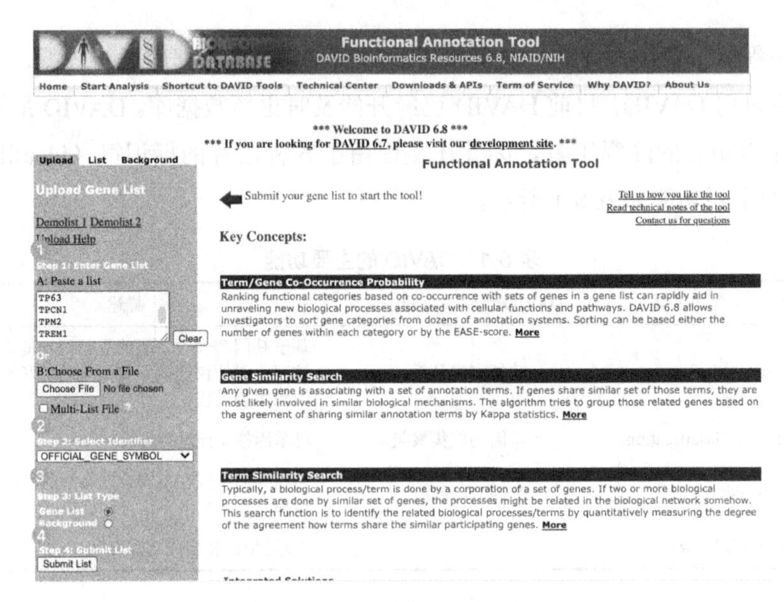

图 8-18　DAVID 功能富集分析步骤

（4）确认输入无误，点击 Submit List 提交。

根据输入 list 的基因个数等待不同的时长，出现富集分析的结果（图 8-19，①为输入基因的物种选择；②为选择输入的基因列表；③为基因功能注释的结果，此处包含了多种数据库注释的结果；④为对注释结果进行进一步分析的选项）。

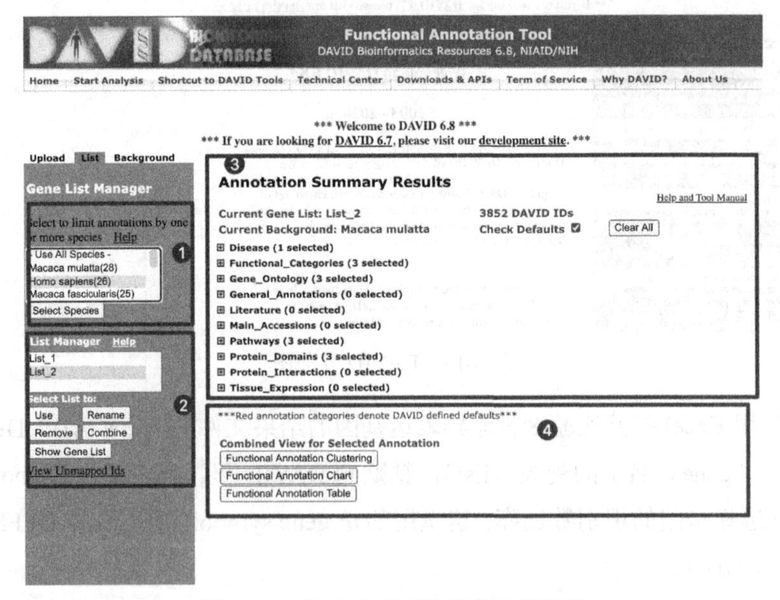

图 8-19　前 30 个基因的富集分析结果

此外，如果输入的 list 匹配到多个物种上，中间会出现一个提示，点击确定。

点击富集结果前面的加号，可以查看此项富集结果的详细信息。例如，在 Gene_Ontology 中，点击加号后可以选择不同的 GO 富集结果，如图 8-20 所示。

⊟ Gene_Ontology (3 selected)

Term	%	Count	Chart
☐ GOTERM_BP_1	15.0%	579	Chart
☐ GOTERM_BP_2	15.0%	579	Chart
☐ GOTERM_BP_3	14.7%	568	Chart
☐ GOTERM_BP_4	13.8%	532	Chart
☐ GOTERM_BP_5	13.8%	531	Chart
☐ GOTERM_BP_ALL	15.0%	579	Chart
☑ GOTERM_BP_DIRECT	15.0%	579	Chart
☐ GOTERM_BP_FAT	14.7%	567	Chart
☐ GOTERM_CC_1	20.2%	777	Chart
☐ GOTERM_CC_2	20.1%	775	Chart
☐ GOTERM_CC_3	20.1%	775	Chart
☐ GOTERM_CC_4	17.4%	670	Chart
☐ GOTERM_CC_5	13.0%	500	Chart
☐ GOTERM_CC_ALL	20.2%	777	Chart
☑ GOTERM_CC_DIRECT	20.2%	777	Chart
☐ GOTERM_CC_FAT	15.3%	588	Chart
☐ GOTERM_MF_1	20.9%	804	Chart
☐ GOTERM_MF_2	20.9%	804	Chart
☐ GOTERM_MF_3	20.5%	791	Chart
☐ GOTERM_MF_4	20.5%	790	Chart
☐ GOTERM_MF_5	19.5%	751	Chart
☐ GOTERM_MF_ALL	20.9%	804	Chart
☑ GOTERM_MF_DIRECT	20.9%	804	Chart
☐ GOTERM_MF_FAT	20.6%	794	Chart

图 8-20　DAVID 中 GO 的富集结果

2. 实验二：利用 clusterProfiler 进行基因集功能富集分析

clusterProfiler 是一个基于 R 语言的进行基因集功能富集分析的包，它将基于 R 语言的基因聚类分析和基因簇/集的功能分析流程衔接起来，并被广泛使用。

（1）安装载入 clusterProfiler 包。

```
1.  #BiocManager::install("clusterProfiler")
2.  library(clusterProfiler)
```

（2）载入物种的注释数据。基因功能注释可以在不同的背景数据库中进行分析，常用的有 GO、KEGG 等；Bioconductor 已经提供了约 20 种物种的 GO 数据：OrgDb，请参见 http://bioconductor.org/packages/release/BiocViews.html#___OrgDb。下载相应的物种的注释数据并载入。

```
1.  #BiocManager::install("org.Hs.eg.db")
2.  library(org.Hs.eg.db)
```

（3）载入基因数据。

```
1.  load("8.5.dds.res.Rdata")
2.  #dds.res <- read.table("PTC_vs_ATC_results.txt")
3.  dim(dds.res)
```

（4）查看数据基因命名方式。因为不同的数据库对基因或蛋白质采用的识别符是不一样的，这里要确定数据所采用的是哪个数据库的识别符，用正确的基因识别符才能映射到其所在的功能注释节点上。

```
1.  head(rownames(dds.res))
2.  #查看物种注释数据支持的基因识别方式
3.  keytypes(org.Hs.eg.db)
```

（5）选择需要进行功能富集分析的基因集合，并进行 GO 功能富集分析。

```
1.  dds.res.up <- dds.res[which(dds.res$padj<0.05 & dds.
res$log2FoldChange >2),]
2.  dds.res.up.geneName <- rownames(dds.res.up)
3.  length(dds.res.up.geneName)
4.  #进行 GO 的 Biological Process 功能富集分析
5.  #默认的为 ENTREZID,这里用的是 gene symbol,所以需要指定参数 keyType=
"SYMBOL"
6.  dds.res.up.ego.bp <- enrichGO(gene    = dds.res.up.geneName,
keyType = "SYMBOL", OrgDb = org.Hs.eg.db, ont= "BP", pAdjustMethod =
"BH", pvalueCutoff = 0.01, qvalueCutoff = 0.05)
7.  head(dds.res.up.ego.bp)
8.  #在所有的 GO 进行注释
9.  dds.res.up.ego <- enrichGO(gene = dds.res.up.geneName,
keyType= "SYMBOL", OrgDb= org.Hs.eg.db, ont= "ALL", pAdjustMethod =
"BH", pvalueCutoff = 0.01, qvalueCutoff = 0.05)
10. head(dds.res.up.ego)
```

（6）图形的结果展示。

```
1.  #点图展示富集结果
2.  dotplot(dds.res.up.ego.bp, showCategory=15,orderBy = "p.
adjust")
3.  dotplot(dds.res.up.ego, showCategory=15,orderBy = "count")
4.  dds.res.FC<-dds.res[,"log2FoldChange"]
5.  names(dds.res.FC)<- rownames(dds.res)
```

```
6.  cnetplot(dds.res.up.ego, foldChange=dds.res.FC)
```

（7）在 KEGG 数据库中进行基因集功能富集分析。

```
1.  #enrichKEGG 只支持"kegg", 'ncbi-geneid', 'ncib-proteinid' 和 'uniprot'的识别符,所以需要将 gene symble 转换为 UNIPROT 的 ID
2.  dds.res.up.symbol2uniport <- bitr(dds.res.up.geneName, fromType="SYMBOL", toType=c("UNIPROT"), OrgDb="org.Hs.eg.db")
3.  head(dds.res.up.symbol2uniport)
4.  dds.res.up.kk <- enrichKEGG(dds.res.up.symbol2uniport[,2], keyType="uniprot",organism="hsa", pvalueCutoff=0.05, pAdjustMethod="BH", qvalueCutoff=0.1)
5.  head(dds.res.up.kk)
```

此外，clusterProfiler 也可以进行 GSEA 分析，例如：

```
1.  head(dds.res.FC)
2.  dds.res.FC.ordered <- dds.res.FC[order(dds.res.FC, decreasing = T)]
3.  dds.res.gsecc <- gseGO(geneList = dds.res.FC.ordered, keyType= "SYMBOL", ont="ALL", OrgDb=org.Hs.eg.db, verbose=F)
4.  head(summary(dds.res.gsecc)) # 没有结果,可换个数据进行练习
```

【练习】

对实验 8-5 中 cellLine 的 C2 和 C1 的差异表达基因进行功能富集分析。

实验 8-7　加权基因共表达网络分析

一、实验目的

了解共表达网络的意义，了解 WGCNA 的基本原理，学会使用 R 语言中的 WGCNA 包进行共表达网络分析。

二、实验内容

大样本中，差异表达分析和聚类很难有效探究基因之间的相互关系；而基因富集分析依赖于功能注释的先验知识，不利于推测新的相互作用关系。共表达网络为研究基因间相互作用和基团表达的调控关系提供了一种思路。共表达利用生

物细胞中功能相关的基因在特定环境下协调表达的特点，即表达模式相似的基因被认为可能具有相似的功能。一般通过计算基因之间的相关系数矩阵，设定阈值筛选相关性，然后以网络的形式展现。图中每个点代表基因，连接两个基因的边代表相关性。相关性系数计算部分可以通过R语言实现，主要有皮尔逊相关系数、斯皮尔曼相关系数及偏相关系数等；另外，也有复杂的基于网络拓扑重叠结构（TOM）来衡量相似性的方法等。除了相关性系数，也可以使用距离衡量相似程度。

权重基因共表达网络分析（weighted gene co-expression network analysis，WGCNA），是一种基于相关性系数构建共表达网络的方法。该方法旨在寻找协同表达的基因模块（module），并探索基因网络与关注的表型之间的关联关系，以及网络中的核心基因。它适用于复杂的数据模式，推荐 5 组（或者 15 个样品）以上的数据。一般可应用的研究方向有：不同器官或组织类型发育调控、同一组织不同发育调控、非生物胁迫不同时间点应答、病原菌侵染后不同时间点应答。

第一步，计算任意两个基因之间的相关系数[如皮尔逊相关系数（Pearson correlation coefficient）]。为了衡量两个基因是否具有相似表达模式，一般需要设置阈值来筛选，高于阈值的则认为是相似的。但是如果将阈值设为 0.8，那么很难说明 0.8 和 0.79 两个是有显著差别的。因此，WGCNA 分析时采用相关系数加权值，即对基因相关系数取 N 次幂，使得网络中的基因之间的连接服从无尺度网络分布（scale-free network），这种算法更具生物学意义。

第二步，通过基因之间的相关系数构建分层聚类树，聚类树的不同分支代表不同的基因模块，不同颜色代表不同的模块。基于基因的加权相关系数，将基因按照表达模式进行分类，将模式相似的基因归为一个模块。这样就可以将几万个基因通过基因表达模式分成几十个模块，是一个提取归纳信息的过程。

三、实验步骤

（1）载入数据。

```
1.  library(WGCNA)
2.  WGCNA_matrix <- read.table("8.7/forWGCNA.tsv",sep = "\t",
header = T)
3.  sampleInfor <- read.table("8.7/sample_info.txt")
4.  head(sampleInfor)
5.  #datExpr0 <- t(WGCNA_matrix[order(apply(WGCNA_matrix,1,
var), decreasing = T)[1:2000],]) # select var proteins
```

```
6.  datExpr0 <- t(WGCNA_matrix)
7.  gsg = goodSamplesGenes(datExpr0, verbose = 3)  #检查是否有缺失值,没问题就会返回 TRUE
8.  gsg$allOK
```

（2）对样本进行聚类（图 8-21）。

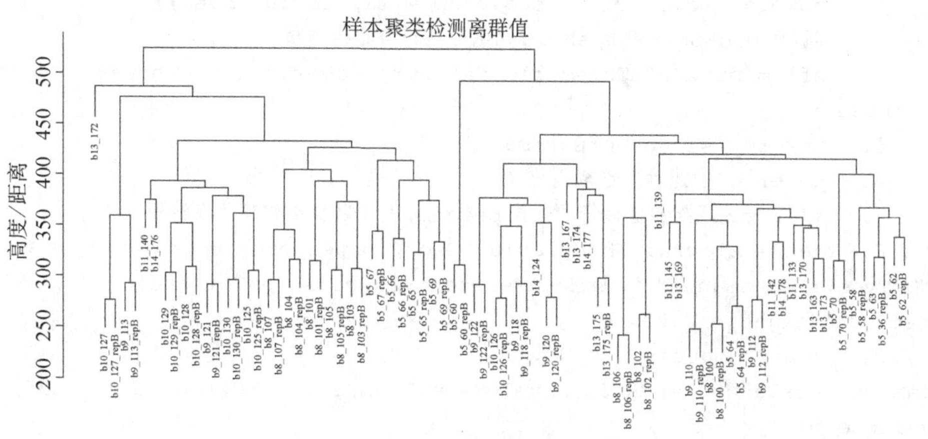

图 8-21　样本聚类图

```
1.  #判断有无 outlier 的样本
2.  datExpr <- datExpr0
3.  sampleTree = hclust(dist(datExpr0), method = "average");
4.  sizeGrWindow(12,9)
5.  par(cex = 0.6);
6.  par(mar = c(0,4,2,0))
7.  plot(sampleTree, main = "Sample clustering to detect outliers", sub="", xlab="", cex.lab = 1.5,cex.axis = 1.5, cex.main = 2)
8.  #从图中可以看出数据是否有离群值,要么手动删掉,要么设置一个阈值,剔除掉;本例子中没有离群样本
9.  #h=500
10. #abline(hh = h, col = "red")
11. #按照设定的高度
12. #clust = cutreeStatic(sampleTree, cutHeight = h, minSize = 10)
13. #table(clust) #可以看出每个 cluster 包含了几个样本,找到离群样本所在的 cluster,本例子中没有离群样本
14. #keepSamples =(clust==1) # 保留的样本
15. #datExpr = datExpr0[keepSamples, ]
```

```
    16.  #dim(datExpr)
    17.  nGenes = ncol(datExpr) #基因或蛋白质个数
    18.  nSamples = nrow(datExpr) #样本个数
    19.  #通过以上的处理,最后得到的 datExpr 对象就可以用来进行后续的分析
    20.  datTraits <- sampleInfor[colnames(WGCNA_matrix),]
    1.   #选择合适"软阈值(soft thresholding power)"beta
    2.   powers = c(c(1:10), seq(from = 12, to=30, by=2))
    3.   #调用 pickSoftThreshold 函数分析出合适的阈值
    4.   sft = pickSoftThreshold(datExpr, powerVector = powers,
verbose = 5)
    5.   power = sft$powerEstimate
    6.   power  #由此确定选取阈值 7
    7.   #有了表达矩阵和估计好的最佳 beta 值,就可以直接构建共表达矩阵了
    8.   net = blockwiseModules(datExpr, powerpower = power,
TOMType = "unsigned", minModuleSize = 20,reassignThreshold = 0,
mergeCutHeight = 0.25,
    9.   numericLabels = TRUE,
pamRespectsDendro = FALSE,saveTOMs = TRUE,saveTOMFileBase = "TOM",
verbose = 3)
    10.  table(net$colors) #看一下有多少个模块
    11.  #如展示的结果,一共有 13 个模块,从 1 到 13 模块,按照基因数递减排列,模块 0
表示没有分类的基因数
```

（3）下面用图形展示聚类的结果（图 8-22）。

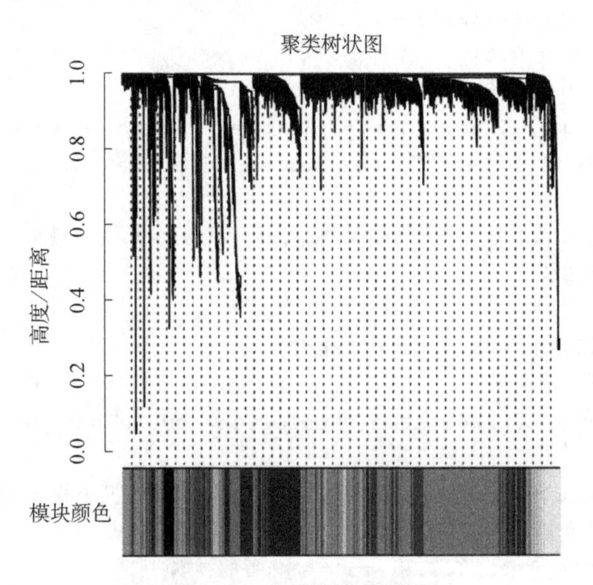

图 8-22　基因聚类结果图

```
1.   #层次聚类图的结果包含在 net$dendrograms[[1]]对象中
2.   mergedColors = labels2colors(net$colors)
3.   geneTree = net$dendrograms[[1]]
4.   plotDendroAndColors(geneTree, mergedColors[net$blockGenes
[[1]]], "Module colors", dendroLabels = FALSE, hang = 0.03, addGuid
e = TRUE, guideHang = 0.05)
5.   #plotDendroAndColors 函数,它接受一个聚类的对象,以及该对象里面包含的
所有个体所对应的颜色
```

基因聚类结果图将树图和颜色分布整合，树图是对基因进行的聚类，下面不同颜色代表这个基因处于哪个模块，其中灰色默认是无法归类于任何模块的那些基因，如果灰色模块里面的基因太多，那么前期对表达矩阵挑选基因的步骤可能就不太合适。

（4）根据基因间表达量进行聚类所得到的各模块以及模块间的相关性图如下（图 8-23）。

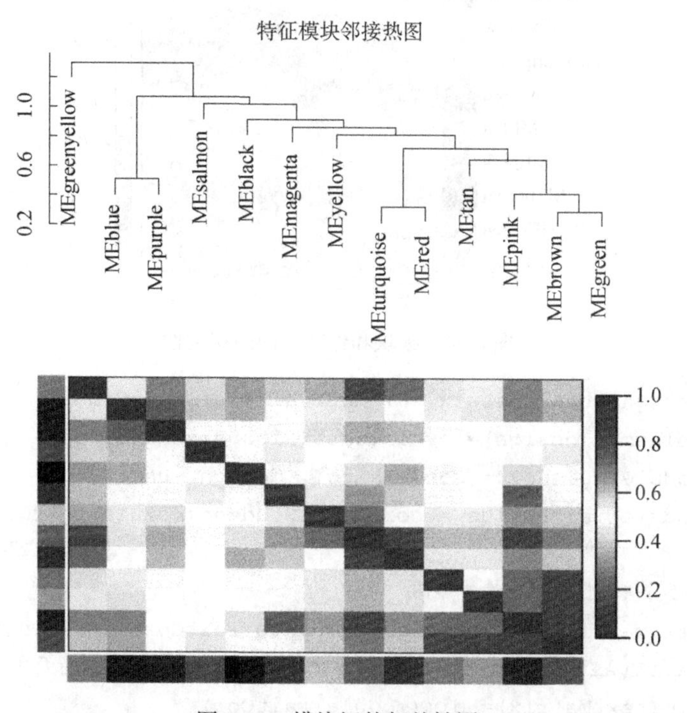

图 8-23　模块间的相关性图

```
1.   MEs = net$MEs
2.   MEsMEs_col = MEs
```

```
3.  colnames(MEs_col)= paste0("ME", labels2colors(as.numeric
(stringr::str_replace_all(colnames(MEs),"ME",""))))
4.  MEs_col = orderMEs(MEs_col) ##不同颜色的模块的ME值矩阵(样本vs模块)
5.  # marDendro/marHeatmap 设置下、左、上、右的边距
6.  plotEigengeneNetworks(MEs_col, "Eigengene adjacency
heatmap", marDendro = c(3,3,2,4), marHeatmap = c(3,4,2,2),
plotDendrograms = T, xLabelsAngle = 90)
```

（5）计算模块和性状（此数据中有4个性状：A、C、D、N）之间的相关性，这里选择性状diseaseGroup（图8-24）。

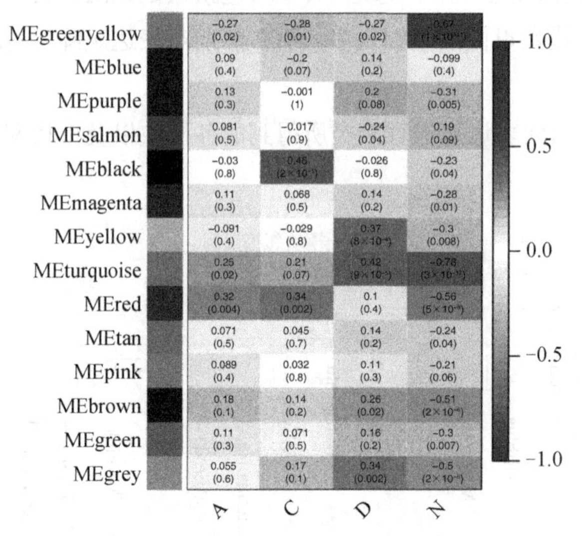

图8-24　模块和性状之间的相关性

```
1.  design=model.matrix(~0+ datTraits$diseaseGroup)
2.  colnames(design)=levels(datTraits$diseaseGroup)
3.  moduleTraitCor = cor(MEs_col, design, use = "p");
4.  moduleTraitPvalue = corPvalueStudent(moduleTraitCor,
nSamples)
5.  #画模块和性状相关性的热图
6.  textMatrix = paste(signif(moduleTraitCor, 2), "\n(", signif
(moduleTraitPvalue, 1), ")", sep = "") # signif表示保留几位小数
7.  dim(textMatrix)= dim(moduleTraitCor)
8.  sizeGrWindow(9,9)
9.  par(mar = c(3, 8, 3, 1));
10. labeledHeatmap(Matrix = moduleTraitCor, xLabels = colnames
```

```
(design), yLabels = names(MEs_col), ySymbols = names(MEs_col), colo
rLabels = FALSE, colors = blueWhiteRed(50), textMatrixtextMatrix =
textMatrix, setStdMargins = FALSE, cex.text = 0.5, zlim = c(-1,1),
main = paste("Module-trait relationships"))
```

（6）可视化基因网络（TOM plot），这一部分特别耗时，行列同时做层级聚类。

```
1.  TOM = TOMsimilarityFromExpr(datExpr, powerpower=power,
corType="pearson", networkType="unsigned")
2.  dissTOM = 1-TOMsimilarityFromExpr(datExpr, powerpower =
power)
3.  plotTOM = dissTOM^7
4.  diag(plotTOM)= NA
5.  # TOMplot(plotTOM, net$dendrograms, moduleColors, main =
"Network heatmap plot, all genes") #非常慢,可不画
```

（7）对单个模块进行分析。

```
1.  # 提取指定模块的蛋白质名
2.  pNames = colnames(datExpr)
3.  module = "turquoise"  #提取 turquoise 模块中的蛋白质
4.  inModule =(moduleColors==module)
5.  modProbes = pNames[inModule]  # 获得蛋白质 list,可以进行功能富集
分析
6.  length(modProbes)
7.  #基于 KEGG 进行基因集功能富集分析
8.  kk.turquoise <- clusterProfiler::enrichKEGG(modProbes,
keyType="uniprot",organism="hsa", pvalueCutoff=0.05, pAdjustMethod=
"BH", qvalueCutoff=0.1)
9.  head(kk.turquoise)
10. #基于 GO 进行基因集功能富集分析
11. modProbes.ego <- clusterProfiler::bitr(modProbes,
fromType="UNIPROT", toType=c("SYMBOL"), OrgDb="org.Hs.eg.db")
12. ego.turquoise <- clusterProfiler::enrichGO(gene = modProbes.
ego[,2], keyType = "SYMBOL", OrgDb = org.Hs.eg.db, ont = "ALL", pAd
justMethod = "BH", pvalueCutoff = 0.01, qvalueCutoff = 0.05)
13. head(ego.turquoise)
```

（8）导出用于 Cytoscape 的网络文件。

```
1.  pNames = colnames(datExpr)  #提取基因名
```

```
2.  dimnames(TOM)<- list(pNames, pNames)
3.  # threshold 默认为 0.5, 可以根据自己的需要调整,也可以都导出后在
cytoscape 中再调整
4.  cyt = exportNetworkToCytoscape(TOM, edgeFile = "cytoscape.
edges.txt", nodeFile = "cytoscape.nodes.txt", weighted = TRUE, thre
shold = 0.5, nodeNames = pNames, nodeAttr = moduleColors)
5.  sum(cyt$edgeData$weight>0.5)
```

实验 9　转录调控分析

数字资源

实验 9-1　miRNA 靶基因分析

一、实验目的

学习如何寻找 miRNA 靶基因，了解 miRNA 靶基因的预测方法。

二、实验内容

1. 利用 TargetScan 查找 miRNA 靶基因

TargetScan（http://www.targetscan.org/vert_72/）是一个非常经典的 miRNA 预测软件，只支持动物的 miRNA 靶基因查找。TargetScan 运行得非常快速，但是只支持其数据库内数据的查找，有一定的局限性。对于常见 miRNA 和基因的查找是非常快速好用的（图 9-1）。

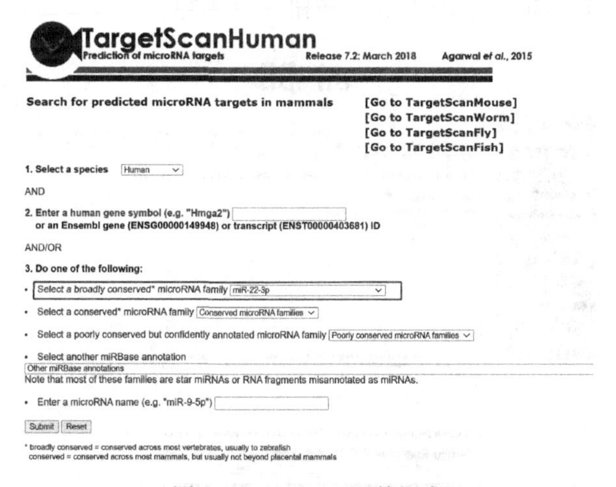

图 9-1　TargetScan 数据库

利用 TargetScan 的查找步骤如下。

第一步：选择物种，如 Human。

第二步：填写/选择基因或者 miRNA 名字，如选择 miR-22-3p。

第三步：点击“Submit”按钮，会看到图 9-2 的结果。

TargetScanHuman
Prediction of microRNA targets　Release 7.2: March 2018　Agarwal *et al.*, 2015

Human | miR-22-3p
620 transcripts with conserved sites, containing a total of 671 conserved sites and 238 poorly conserved sites.
Please note that these predicted targets include some false positives. [Read more]
Genes with only poorly conserved sites are not shown.　[View top predicted targets, irrespective of site conservation]
Table sorted by cumulative weighted context++ score　[Sort table by aggregate P_{CT}]
The table shows at most one transcript per gene, selected for being the most prevalent, based on 3P-seq tags (or the one with the longest 3' UTR, in case of a tie).　[Download table]

Target gene	Representative transcript	Gene name	Number of 3P-seq tags supporting UTR + 5	Link to sites in UTRs	Conserved sites				Poorly conserved sites				6mer sites	Representative miRNA	Cumulative weighted context++ score	Total context++ score	Aggregate P_{CT}	Previous TargetScan publication(s)
					total	8mer	7mer-m8	7mer-A1	total	8mer	7mer-m8	7mer-A1						
C17orf58	ENST00000539693.1	chromosome 17 open reading frame 58	48	Sites in UTR	2	0	1	1	1	1	0	0	0	hsa-miR-22-3p	-1.07	-1.07	<0.1	
CCDC67	ENST00000525645.1	coiled-coil domain containing 67	5	Sites in UTR	1	1	0	0	1	0	1	0	0	hsa-miR-22-3p	-0.99	-0.99	0.44	2009, 2011
KIAA0040	ENST00000423313.1	KIAA0040	15	Sites in UTR	1	1	0	0	1	0	1	0	1	hsa-miR-22-3p	-0.90	-0.90	0.59	2011
GRM5	ENST00000418177.2	glutamate receptor, metabotropic 5	5	Sites in UTR	2	1	1	0	2	0	1	1	0	hsa-miR-22-3p	-0.88	-0.88	0.93	2011
H3F3C	ENST00000340398.3	H3 histone, family 3C	7	Sites in UTR	1	1	0	0	0	0	0	0	1	hsa-miR-22-3p	-0.86	-0.91	0.84	2007, 2009, 2011
NAA20	ENST00000310450.4	N(alpha)-acetyltransferase 20, NatB catalytic subunit	1586	Sites in UTR	1	1	0	0	0	0	0	0	0	hsa-miR-22-3p	-0.84	-0.84	0.74	2005, 2007, 2009, 2011
PDSS1	ENST00000376203.5	prenyl (decaprenyl) diphosphate synthase, subunit 1	41	Sites in UTR	1	1	0	0	0	0	0	0	0	hsa-miR-22-3p	-0.81	-0.81	0.87	2009, 2011
ZDHHC16	ENST00000346745.5	zinc finger, DHHC-type containing 16	82	Sites in UTR	1	1	0	0	1	0	1	0	0	hsa-miR-22-3p	-0.80	-0.80	0.81	2009, 2011
BATF3	ENST00000243440.1	basic leucine zipper transcription factor, ATF-like 3	212	Sites in UTR	1	1	0	0	0	0	0	0	0	hsa-miR-22-3p	-0.79	-0.79	0.80	2005, 2007, 2009, 2011
EIF4EBP3	ENST00000310331.2	eukaryotic translation initiation factor 4E binding protein 3	54	Sites in UTR	1	1	0	0	0	0	0	0	0	hsa-miR-22-3p	-0.78	-0.78	0.85	2009, 2011
DDIT4	ENST00000307365.3	DNA-damage-inducible transcript 4	2454	Sites in UTR	1	1	0	0	1	0	1	0	1	hsa-miR-22-3p	-0.78	-0.98	0.88	2009, 2011
FUT9	ENST00000302103.5	fucosyltransferase 9 (alpha (1,3) fucosyltransferase)	5	Sites in UTR	2	1	1	0	1	0	0	1	1	hsa-miR-22-3p	-0.77	-0.77	0.95	2007, 2009, 2011

图 9-2　TargetScan 结果

2. 利用 miRDB 预测 miRNA 靶基因

miRDB（http://mirdb.org/）的优势在于可以利用 miRNA 序列进行靶基因预测；方便个性化的 miRNA 靶基因分析。利用 miRDB 进行 miRNA 靶基因预测的步骤如下。

步骤一：打开网站，选择物种（species），如 Human。

步骤二：选择搜索类型，如 miRNA Sequence；并输入序列，如 UAGCAGCACAGAAAUAUUGGC。点击“Go”按钮（图 9-3）。

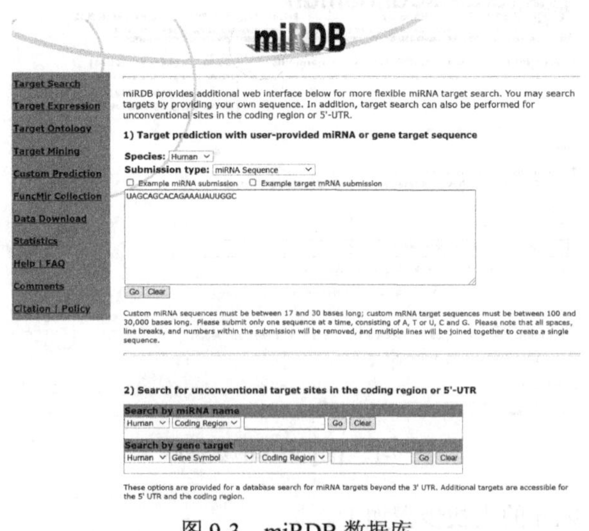

图 9-3　miRDB 数据库

步骤三：网站会对分析进展进行实时更新。出现图 9-4 后，点击“Retrieve Prediction Result”按钮，出现结果（图 9-5）。

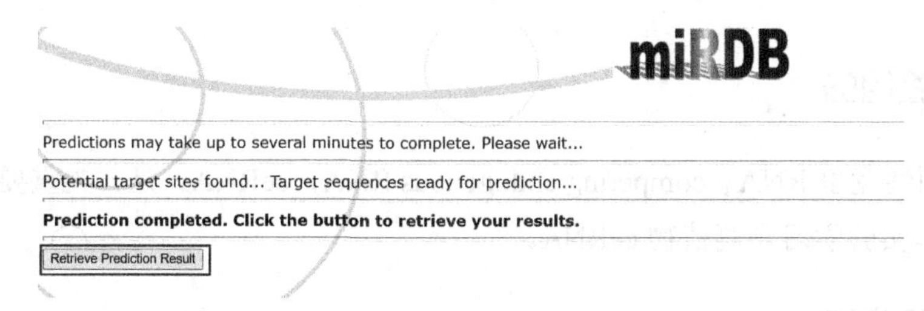

图 9-4　点击“Retrieve Prediction Result”按钮

miRDB

There are 1419 predicted targets for the submitted 21 nt long miRNA: UAGCAGCACAGAAAUAUUGGC

Return to Custom Prediction

Target Detail	Target Rank	Target Score	miRNA Name	Gene Symbol	Gene Description
Details	1	100	submission	PAPPA	pappalysin 1
Details	2	100	submission	TNRC6B	trinucleotide repeat containing 6B
Details	3	100	submission	FGF2	fibroblast growth factor 2
Details	4	100	submission	PHF19	PHD finger protein 19
Details	5	100	submission	PTPN4	protein tyrosine phosphatase, non-receptor type 4
Details	6	100	submission	DESI1	desumoylating isopeptidase 1
Details	7	100	submission	UNC80	unc-80 homolog, NALCN channel complex subunit
Details	8	100	submission	FASN	fatty acid synthase
Details	9	99	submission	ARL2	ADP ribosylation factor like GTPase 2
Details	10	99	submission	LSM11	LSM11, U7 small nuclear RNA associated

图 9-5　结果展示

步骤四：结果表达中展示了所有的结果条目，此结果没有批量下载按钮，用户可以通过复制、粘贴的方式自己复制到本地文件中。对于每个预测结果，点击 Details，会展示 miRNA 及其靶基因的详细描述，如 Target Score、Seed Location 等；同时 Seed Location 会在序列中以蓝色高亮方式显示（图 9-6）。

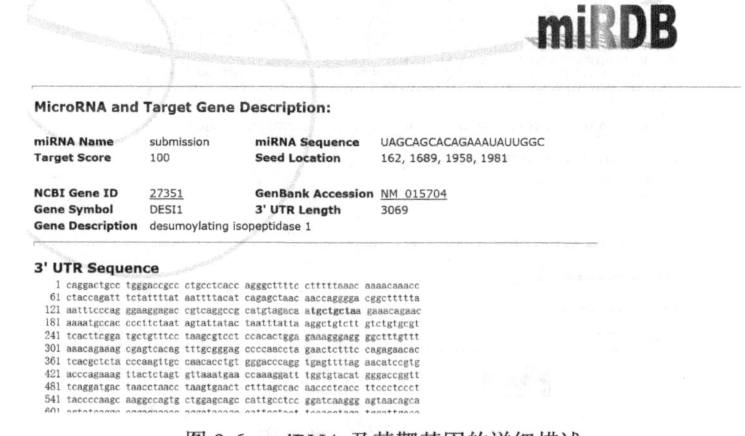

图 9-6　miRNA 及其靶基因的详细描述

实验 9-2 ceRNA 调控分析

一、实验目的

内源性竞争 RNA（competing endogenous RNA，ceRNA）是一类重要的调控 RNA；本实验学习预测植物 ceRNA。

二、实验步骤

（1）打开植物 ceRNA 预测网站（http://bis.zju.edu.cn/pcernadb/search/tool.jsp）；选择预测类型。本实验选择 Both target-target and target-mimic ceRNA（图 9-7）。

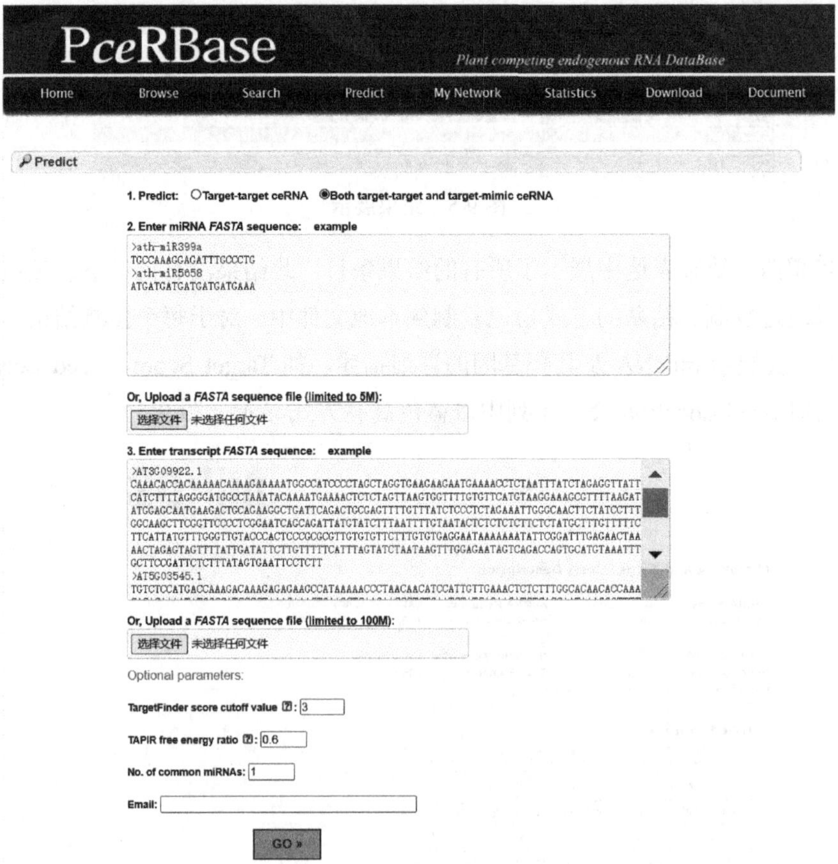

图 9-7 PceRBase 数据库

（2）直接在输入框中输入用户关注的 miRNA 的 fasta 序列，或者上传一个包含 miRNA 的 fasta 序列的文件。本实验可点击 example 出现 miRNA 序列。

（3）直接在输入框中输入用户关注的转录本的 fasta 序列，或者上传一个包含转录本的 fasta 序列的文件。本实验可点击 example 出现转录本序列。

（4）填入合适的阈值。TargetFinder score cutoff value 为 3；TAPIR free energy ratio 为 0.6；No. of common miRNAs 为 1。

（5）点击“GO”按钮，运行预测程序。或者输入邮箱，结果会发到邮箱里；邮箱里的结果会包括每个 miRNA 的靶序列和 ceRNA 等（图 9-8）。

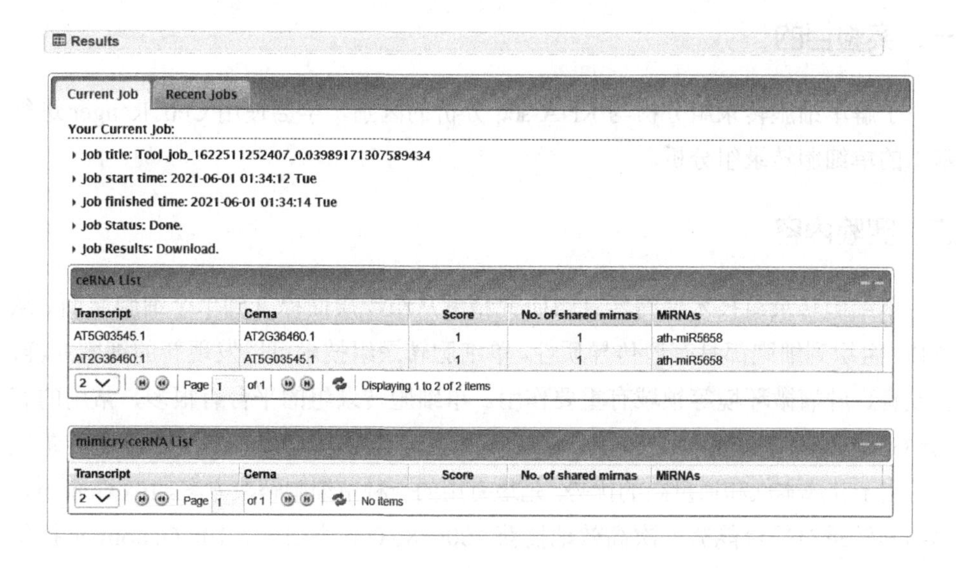

图 9-8　结果展示

数字资源

实验 10　单细胞转录组分析

实验 10-1　单细胞转录组数据矩阵的获取

一、实验目的

了解单细胞转录组分析与 RNA-seq 分析的区别，学会使用 Cell Ranger 进行基本的单细胞转录组分析。

二、实验内容

单细胞转录组技术使得转录组研究精度从组织层面提升到单个细胞层面。从个体、组织到细胞都具有遗传异质性，单细胞转录组技术可以发现新的细胞亚群，在发育、肿瘤微环境等领域有重要作用。单细胞转录组的平台有很多，常用的有 10x Genomics、Fluidigm C1、Bio-Rad 等平台，其中 10x Genomics 单细胞转录组平台由于其成本低和通量高的优势，是最有用的一种单细胞解决方案。10x Genomics 单细胞转录组平台能够一次高效地捕获 100～80 000 个细胞。10x Genomics 提供了单细胞转录组前期的数据分析方法，即 Cell Ranger（图 10-1）。

三、实验步骤

（1）下载安装 Cell Ranger，网址为 https://support.10xgenomics.com/single-cell-gene-expression/software/pipelines/latest/installation。

利用 cellranger mkfastq 将 BCL 文件转换为 fastq 文件。一般这一步公司会做好，用户拿到的是 fastq 文件，如图 10-1 所示，每个样本会对应三个 fastq.gz 文件，其中*_R1_001.fastq.gz 和*_R2_001.fastq.gz 为样本的双端测序序列，*_I1_001.fastq.gz 里面为细胞的条形码（barcode）序列（不是混合样本可不用）。

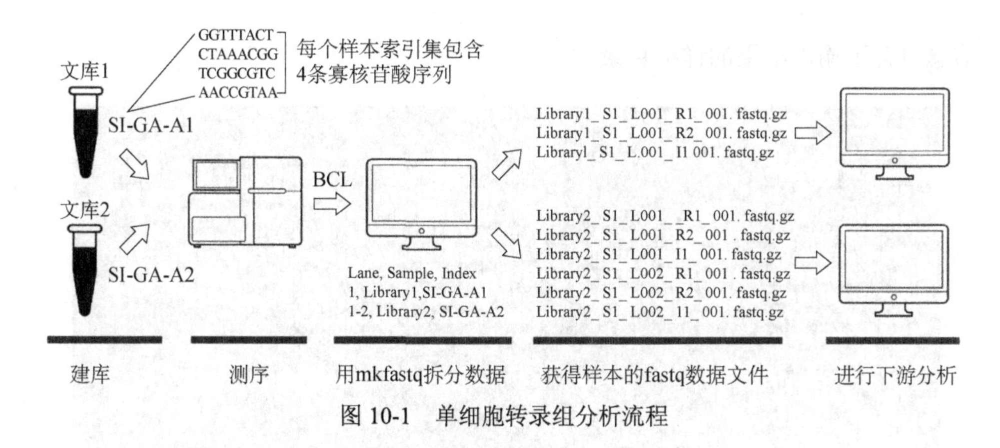

图 10-1　单细胞转录组分析流程

（2）利用 cellranger count 获得样本中的细胞表达谱。

cellranger count 包括了 mapping、assemble、count 和聚类等分析，因此在 cellranger count，参数需要指定参考基因组。部分物种的参考基因组可以从 Cell Ranger 官网下载（如人类 GRCh38 参考基因组 wget，http://cf.10xgenomics.com/supp/cell-exp/refdata-cellranger-GRCh38-1.2.0.tar.gz），直接使用。用户也可以用 cellranger mkref 构建自己的参考基因组：

```
1.  cellranger mkref  --genome=forCellranger --fasta=./GRCh38.
p5.fa --genes=gencode.v24.annotation.gtf --nthreads=30 --memgb=100
> cellranger.mkref.log
```

其中：--genome 指定构建参考基因组的文件名称；--fasta 指定所用的参考基因组的 fasta 序列；--genes 指定参考基因组的注释文件；--nthreads 指定线程；--memgb 指定内存。

构建好参考基因组后，用 cellranger count 进行分析，获得细胞表达谱，输入命令格式为：cellranger count --id=sampleID --transcriptome=/PATH/cellranger --fastqs=fastq_path > cellranger.count.log &。

这里的 fastq.gz 的命名格式是固定的，不要更改 fastq 文件的名字。文件的命名规则为：[Sample Name] S1_L00 [Lane Number][Read Type]_001.fastq.gz。

cellranger count 运行完毕会产生以 sample ID 命名的文件夹。因为 cellranger count 集成了很多分析，给出的结果也很多；这些结果以固定的文件目录存放在 sample ID 文件夹中（图 10-2）。

用 cellranger mat2csv 获得单细胞表达谱矩阵的 csv 格式文件，可用于下游个性化的分析。如果 cellranger count 运行成功的话应该出现如图 10-2 所示的信息（此信息包含了输出结果的详细目录）。

```
Outputs:
- Run summary HTML:                          /opt/sample345/outs/web_summary.html
- Run summary CSV:                           /opt/sample345/outs/metrics_summary.csv
- BAM:                                       /opt/sample345/outs/possorted_genome_bam.bam
- BAM index:                                 /opt/sample345/outs/possorted_genome_bam.bam.bai
- Filtered feature-barcode matrices MEX:     /opt/sample345/outs/filtered_feature_bc_matrix
- Filtered feature-barcode matrices HDF5:    /opt/sample345/outs/filtered_feature_bc_matrix.h5
- Unfiltered feature-barcode matrices MEX:   /opt/sample345/outs/raw_feature_bc_matrix
- Unfiltered feature-barcode matrices HDF5:  /opt/sample345/outs/raw_feature_bc_matrix.h5
- Secondary analysis output CSV:             /opt/sample345/outs/analysis
- Per-molecule read information:             /opt/sample345/outs/molecule_info.h5
- CRISPR-specific analysis:                  null
- Loupe Browser file:                        /opt/sample345/outs/cloupe.cloupe
- Feature Reference:                         null
- Target Panel File:                         null                文件目录格式
Waiting 6 seconds for UI to do final refresh.
Pipestance completed successfully!


yyyy-mm-dd hh:mm:ss Shutting down.
Saving pipestance info to "tiny/tiny.mri.tgz"
```

图 10-2 Cell Ranger 文件结果展示

```
1.  cellranger mat2csv sampleID/outs/filtered_gene_bc_matrices sampleID.csv
```

实验 10-2 单细胞转录组数据的下游分析

一、实验目的

了解单细胞转录组数据的特征，学习使用 Seurat 对单细胞测序数据进行分群，并对多个批次的数据进行合并以及去掉批次效应。

二、实验内容

后生动物是由不同结构和功能的细胞组成的，但是后生动物体内到底包括多少种细胞，每种细胞的命运决定是如何实现的，细胞会病变的原因，这些问题至今没有得到明确的答案。单细胞测序技术可以提供单个细胞的整个转录组信息，且没有基因选择的偏性。单细胞测序技术的出现，为细胞图谱提供了巨大的研究空间。同时，越来越多的生物信息学的工具和软件被应用到单细胞转录组测序的分析中。目前应用最广泛的工具包是 Seurat。

三、实验步骤

（1）下载人类肺组织的单细胞测序数据。

从 Human Cell Landscape（http://bis.zju.edu.cn/HCL）下载两个批次的成年人肺组织的单细胞测序数据（图 10-3，图 10-4）。

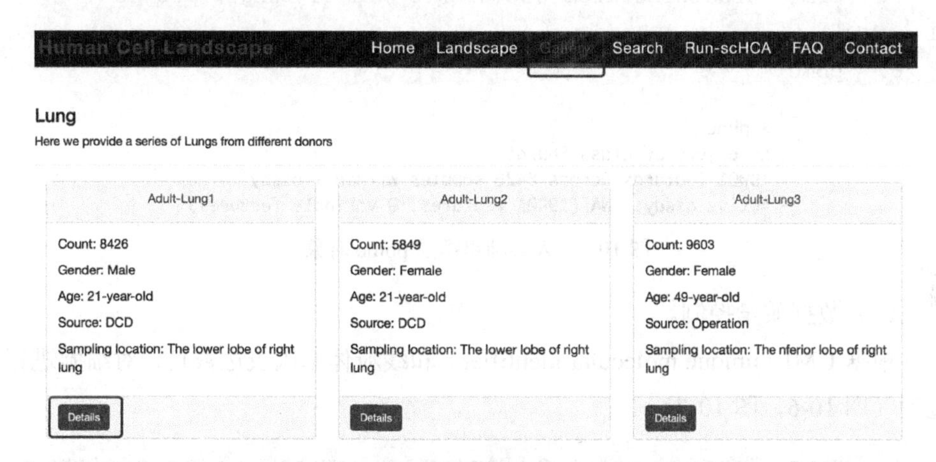

图 10-3 人类肺组织的单细胞数据下载

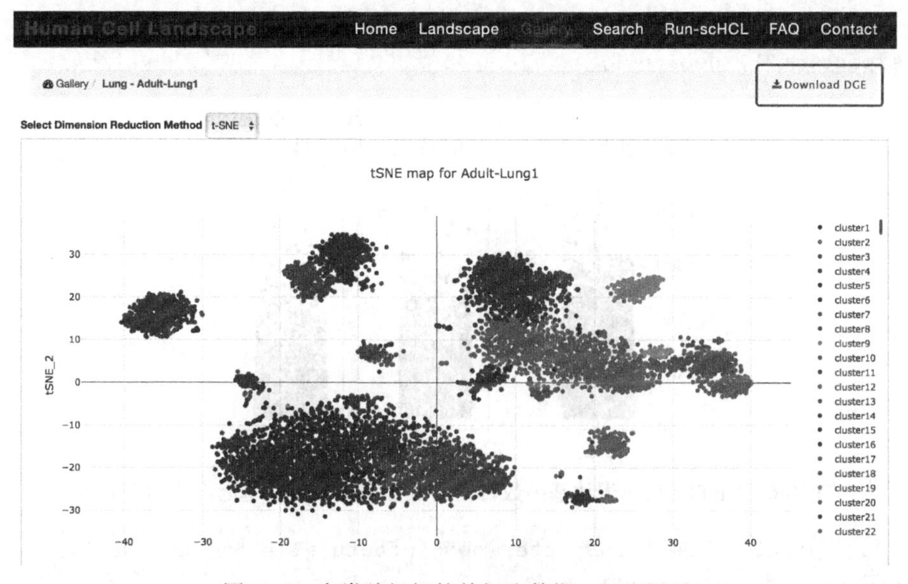

图 10-4 人类肺组织的单细胞数据 t-SNE 展示

（2）单细胞测序数据的读入以及 Seurat 对象的建立。

打开 RStudio，输入程序（图 10-5）：

```
1.   library(Seurat)
2.   library(dplyr)
3.   library(patchwork)
4.   data_lung1<-read.csv("./Adult-Lung1/Adult-Lung1_dge.txt.
gz",row.names = 1)
5.   pbmc<-CreateSeuratObject(counts = data_lung1, project =
"Lung1")
6.   pbmc
```

```
> pbmc
An object of class Seurat
19001 features across 8426 samples within 1 assay
Active assay: RNA (19001 features, 0 variable features)
```

图 10-5　人类肺组织的 pbmc 对象

（3）数据质量控制。

根据 UMI（unique molecular identifier）和线粒体基因表达数目，对细胞进行过滤（图 10-6，图 10-7）。

```
1.   pbmc[["percent.mt"]] <- PercentageFeatureSet(pbmc, pattern =
"^MT-")
2.   VlnPlot(pbmc, features = c("nFeature_RNA", "nCount_RNA",
"percent.mt"), ncol = 3)
```

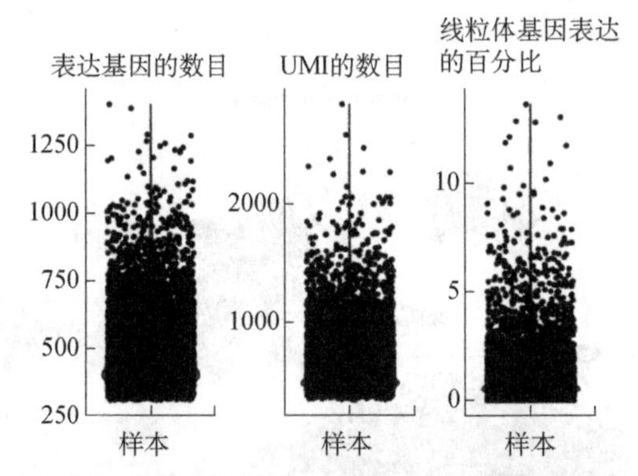

图 10-6　VlnPlot 展示表达基因数目、UMI 数目和线粒体基因表达的百分比

```
1.   plot1 <- FeatureScatter(pbmc, feature1 = "nCount_RNA",
feature2 = "percent.mt")
2.   plot2 <- FeatureScatter(pbmc, feature1 = "nCount_RNA",
feature2 = "nFeature_RNA")
3.   plot1 + plot2
```

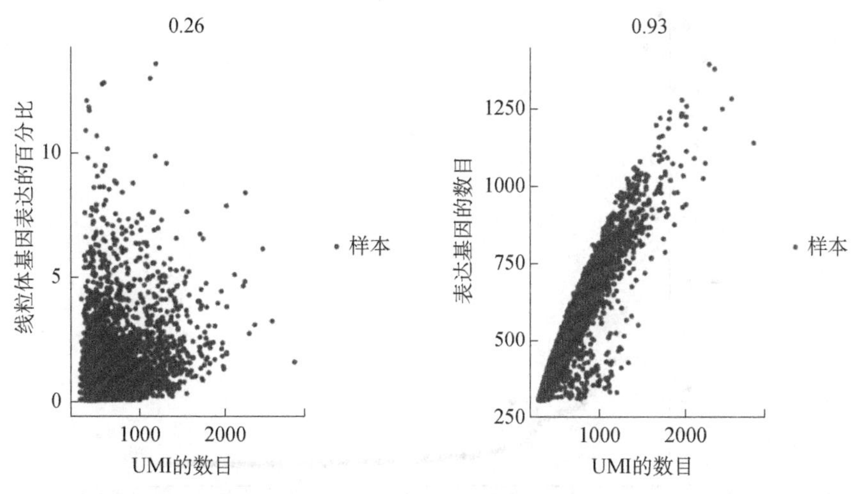

图 10-7　散点图展示表达基因数目、UMI 数目和线粒体基因表达的百分比三者之间的关系

（4）数据标准化。

```
1.   pbmc <- NormalizeData(pbmc, normalization.method = 
"LogNormalize", scale.factor = 10000)
```

（5）定义高度变化的基因，作为特征选择。

```
1.   pbmc <- FindVariableFeatures(pbmc, selection.method = "vst", 
nfeatures = 2000)
2.   all.genes <- rownames(pbmc)
```

（6）数据线性变换。

```
1.   pbmc <- ScaleData(pbmc, features = all.genes)
```

（7）数据降维（图 10-8）。

```
1.   pbmc <- RunPCA(pbmc, npcs=70)
2.   ElbowPlot(pbmc,ndims=70)  #选择 30 PC
```

（8）非线性降维的方法：UMAP 或 tSNE（图 10-9，图 10-10）。

```
1.   pbmc <- FindNeighbors(pbmc, dims = 1:30)
2.   pbmc <- FindClusters(pbmc, resolution = 1.5)
3.   #UMAP
4.   pbmc <- RunUMAP(pbmc, dims = 1:30)
5.   DimPlot(pbmc, reduction = "umap")
```

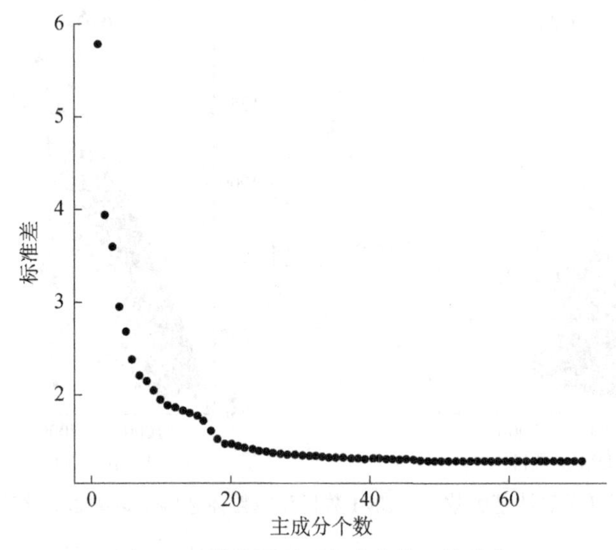

图 10-8 散点图展示主成分数目的分布

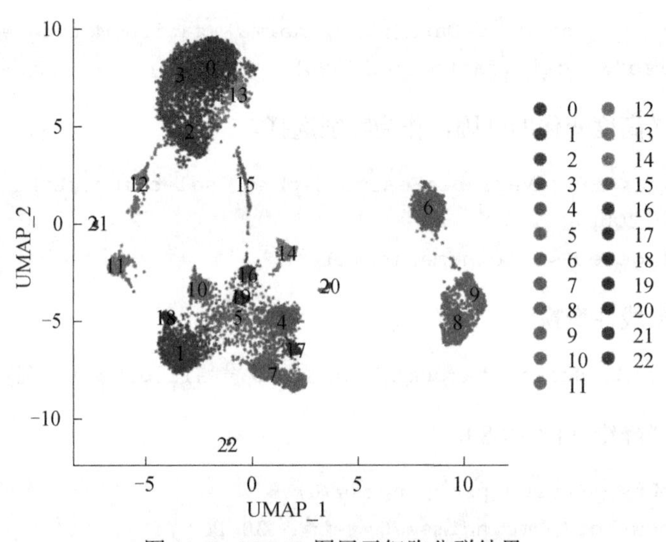

图 10-9 UMAP 图展示细胞分群结果

```
1.  #tSNE
2.  pbmc <- RunTSNE(pbmc, dims = 1:30)
3.  DimPlot(pbmc, reduction = "tsne",label = "TRUE")
```

（9）每个细胞类型标记基因的筛选。

```
1.  pbmc.markers <- FindAllMarkers(pbmc, only.pos = TRUE, min.
pct = 0.25, logfc.threshold = 0.25)
```

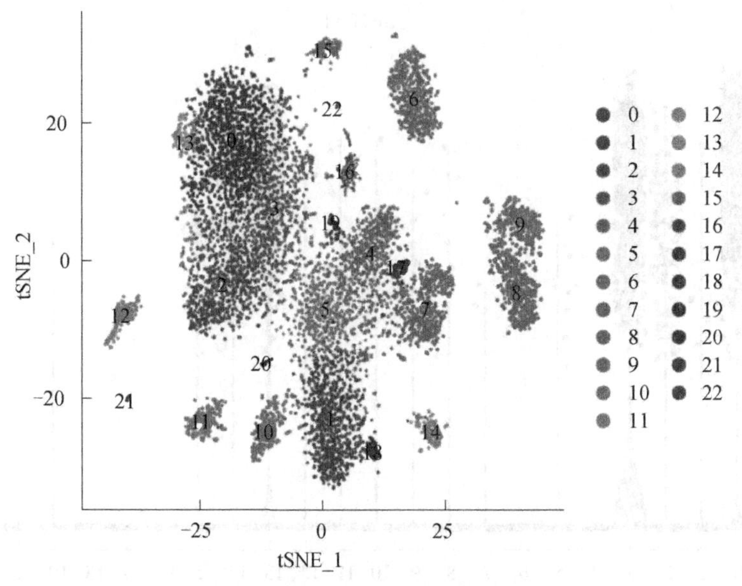

图 10-10　t-SNE 图展示细胞分群结果

（10）重要的标记基因表达的可视化。

在肺组织的 AT2 细胞中，*SFTPA1* 和 *SFTPA2* 高表达的细胞如图 10-11～图 10-15 所示。

```
1.  FeaturePlot(pbmc, features = c("SFTPA1","SFTPA2"),reduction = "tsne",label = TRUE)
```

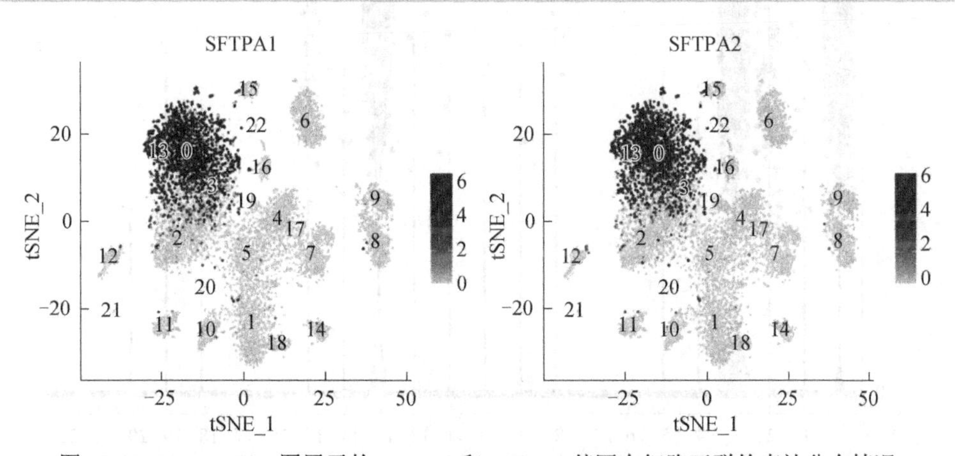

图 10-11　FeaturePlot 图展示的 *SFTPA1* 和 *SFTPA2* 基因在细胞亚群的表达分布情况

```
1.  VlnPlot(pbmc, features = "SFTPA1")+NoLegend()
```

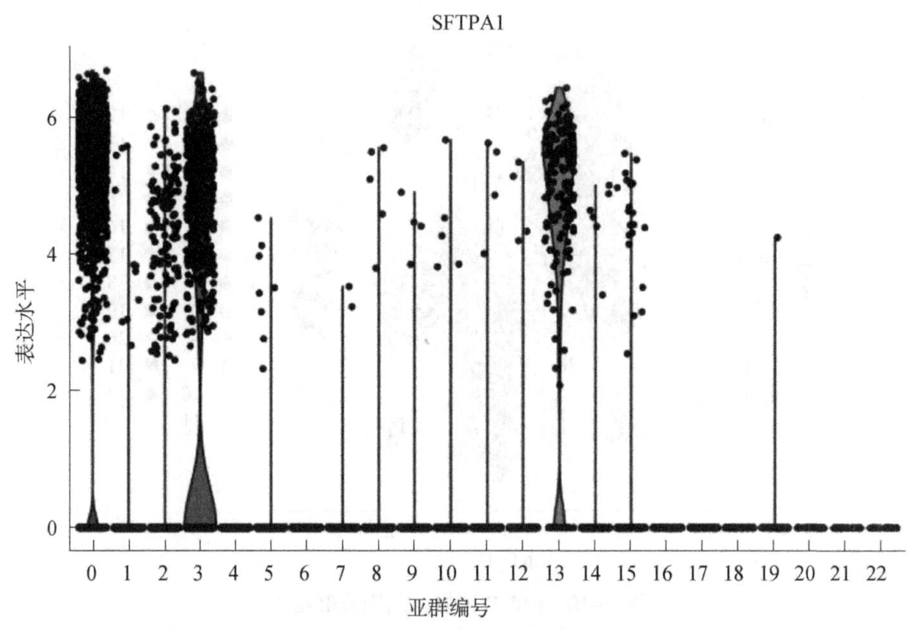

图 10-12 VlnPlot 图展示的 *SFTPA1* 基因在细胞亚群的表达分布情况

```
1.   VlnPlot(pbmc, features = "SFTPA2")+NoLegend()
```

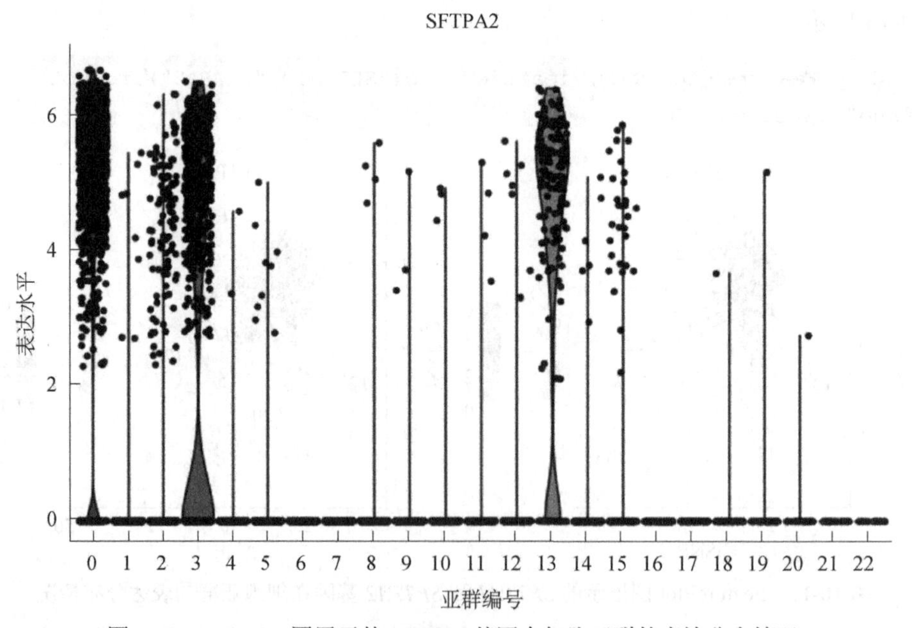

图 10-13 VlnPlot 图展示的 *SFTPA2* 基因在细胞亚群的表达分布情况

```
1.   DotPlot(pbmc, features = c("SFTPA1","SFTPA2"))+ RotatedAxis()
```

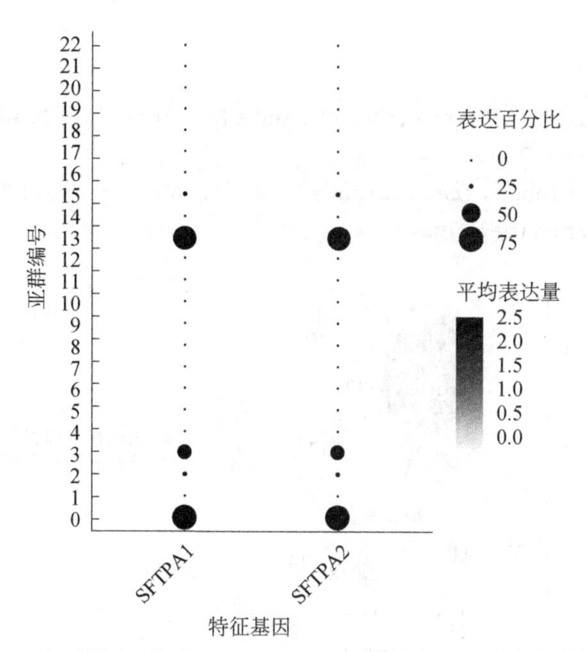

图 10-14　DotPlot 图展示的 *SFTPA1* 和 *SFTPA2* 基因在细胞亚群的表达分布情况

```
1.   RidgePlot(pbmc, features = c("SFTPA1","SFTPA2"))
```

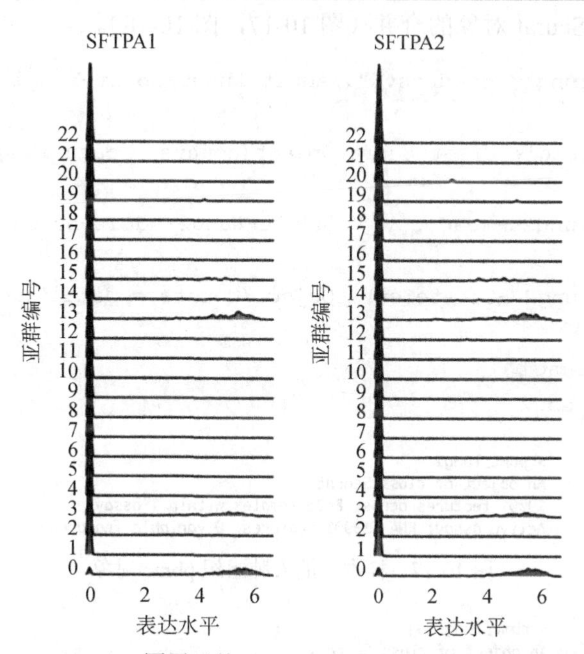

图 10-15　RidgePlot 图展示的 *SFTPA1* 和 *SFTPA2* 基因的表达分布情况

0、3 和 13 号群高表达 AT2 细胞的 marker 基因，将三个群的细胞标亮

（图 10-16）。

```
1.  cell_use <- Idents(pbmc)[Idents(pbmc)== 0 | Idents(pbmc)==13 | Idents(pbmc)== 3]
2.  DimPlot(pbmc, reduction = "tsne",label = "TRUE",cells.highlight = names(cell_use))
```

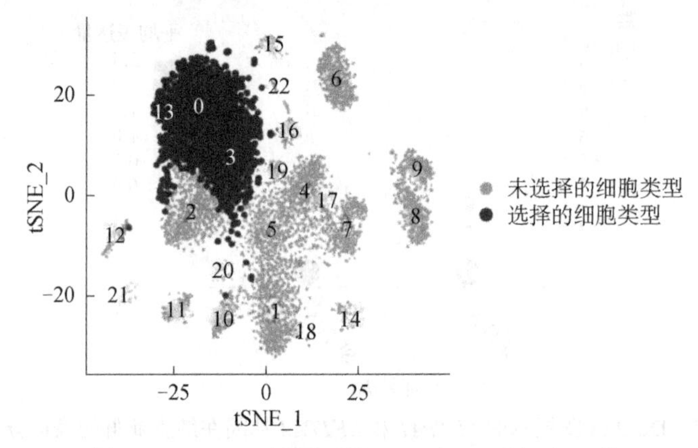

图 10-16　t-SNE 图展示的 0、3 和 13 号细胞亚群

（11）多个 Seurat 对象的合并（图 10-17，图 10-18）。

```
1.  data_lung1<-read.csv("./Adult-Lung1/Adult-Lung1_dge.txt.gz", row.names = 1)
2.  pbmc_lung1<-CreateSeuratObject(counts = data_lung1, project = "Lung1")
3.  data_lung2<-read.csv("./Adult-Lung2/Adult-Lung2_dge.txt.gz", row.names = 1)
4.  pbmc_lung2<-CreateSeuratObject(counts = data_lung2, project = "Lung2")
5.  pbmc_lung1
6.  pbmc_lung2
```

```
> pbmc_lung1
An object of class Seurat
19001 features across 8426 samples within 1 assay
Active assay: RNA (19001 features, 0 variable features)
```

图 10-17　样本一的人肺组织 pbmc 对象

```
> pbmc_lung2
An object of class Seurat
16988 features across 5849 samples within 1 assay
Active assay: RNA (16988 features, 0 variable features)
```

图 10-18　样本二的人肺组织 pbmc 对象

两个对象直接合并（图 10-19）：

```
1.  pbmc_lung1$Tissue <- "lung1"
2.  pbmc_lung2$Tissue <- "lung2"
3.  pbmc_lung <- merge(pbmc_lung1,pbmc_lung2)
4.  pbmc_lung
```

```
> pbmc_lung
An object of class Seurat
19697 features across 14275 samples within 1 assay
Active assay: RNA (19697 features, 0 variable features)
```

图 10-19　样本一和样本二的人肺组织合并的 pbmc 对象

两个对象合并并且显出批次效应（图 10-20，图 10-21）。

```
1.  ifnb.list <-  SplitObject(pbmc_lung, split.by = "Tissue")
2.  ifnb.list <- lapply(X = ifnb.list, FUN = function(x){
3.  x <- NormalizeData(x)
4.  x <- FindVariableFeatures(x, selection.method = "vst", 
nfeatures = 2000)
5.  })
6.  features <- SelectIntegrationFeatures(object.list = ifnb.
list)
7.  lung.anchors <- FindIntegrationAnchors(object.list = ifnb.
list, anchor.features = features)
8.  lung.combined <- IntegrateData(anchorset = lung.anchors)
9.  lung.combined
10. DefaultAssay(lung.combined)<- "integrated"
11. # Run the standard workflow for visualization and 
clustering
12. lung.combined <- ScaleData(lung.combined, verbose = FALSE)
13. lung.combined <- RunPCA(lung.combined, npcs = 30, verbose = 
FALSE)
14. lung.combined <- RunUMAP(lung.combined, reduction = "pca", 
dims = 1:30)
15. lung.combined <- FindNeighbors(lung.combined, reduction = 
"pca", dims = 1:30)
16. lung.combined <- FindClusters(lung.combined, resolution = 
0.5)
17. # Visualization
18. p1 <- DimPlot(lung.combined, reduction = "umap", group.by =
```

```
"Tissue")
   19. p2 <- DimPlot(lung.combined, reduction = "umap", label =
TRUE, repel = TRUE)
   20. p1 + p2
```

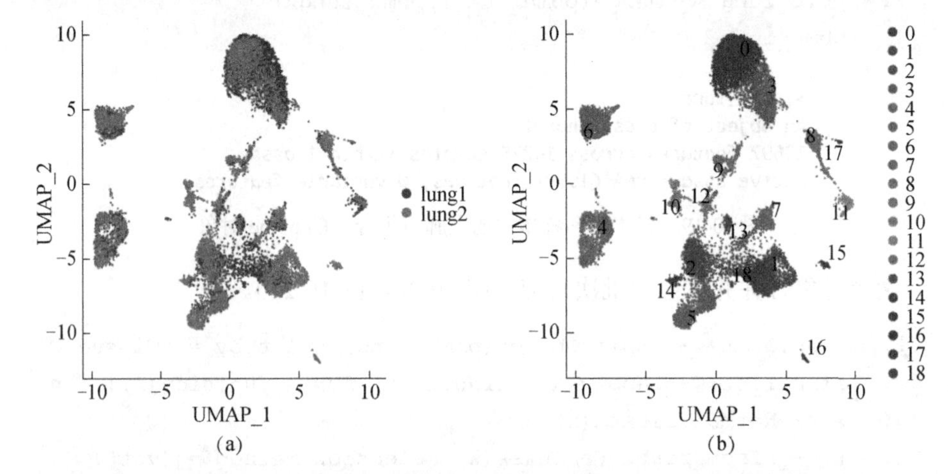

图 10-20 UMAP 展示的成年人肺组织合并的 batch 信息（a）和分群结果（b）

```
   1.  p1 <- DimPlot(lung.combined, reduction = "tsne", group.by =
"Tissue")
   2.  p2 <- DimPlot(lung.combined, reduction = "tsne", label =
TRUE, repel = TRUE)
   3.  p1 + p2
```

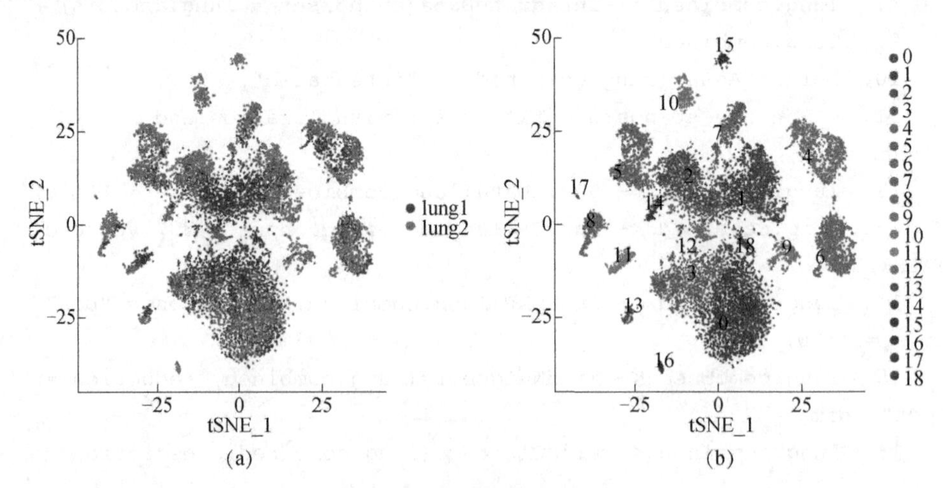

图 10-21 t-SNE 展示的成年人肺组织合并的 batch 信息（a）和分群结果（b）

实验 11　蛋白质分析

实验 11-1　蛋白质结构同源建模

一、实验目的

学习蛋白质结构同源建模的原理，掌握使用工具对目标蛋白质进行同源建模的方法，并能理解模型评估结果。

二、实验内容

DMWf18-543 和 DMWf18-558 为两个深海来源的同源脂类水解酶，其氨基酸序列一致性达 80.7%，然而两个酶在底物特异性和偏好性方面具有显著差异（Huo et al.，2018）。为了从蛋白质三维结构角度探究其底物特异性和偏好性机制，本实验采用同源建模方法构建两个蛋白质的三维结构模型。

SWISS-MODEL 是瑞士生物信息学研究所构建的蛋白质同源建模服务器，它通过自动搜索或者用户提供的结构模板，进行序列比对、模型构建以及结构合理性评估（Andrew et al.，2018）。该方法的自动化程度高、建模速度快，是一个比较常用的同源建模工具。

具体实验内容包括以下几项。

（1）下载建模目标序列。

（2）使用 SWISS-MODEL 服务器同源建模。

（3）查看并比较模型及其评估结果。

三、实验步骤

（1）登录 NCBI Protein 数据库（https://www.ncbi.nlm.nih.gov/protein），搜索并下载脂类水解酶 DMWf18-543 和 DMWf18-558 的氨基酸序列，其登录号为 AUF80930 和 AUF80945（图 11-1）。

>DMWf18-543（AUF80930.1）

MASPQLQNIIEMLRSRPSSEDVSVEERRAAYEQIATVLPVAGDVERGKASANGVPGEWFTPPGVAGD
ITVYWLHGGGYYMGSVNTYANTIAQIAAACEARAFAIDYRLAPENPFPAGLDDAVAGYRWLLEQGVDPA
RLVIGGDSAGGGLSLATLQRLREAGNPLPAATVLLSPWTDLDITGESIKTRRDADPSIDPARLPDFAREYHP
DGDLRDPLVSPLYADFMGLPPMLIQVGDAEVLLDDSTRVYERAEAAGVDVTLEVNDEMIHVFQMFAPM
LPEAVAAIERIGEFAKAHAGAAAAAR

>DMWf18-558（AUF80945.1）

MASPQLQNIIQMINARPSREGVPIEETRAAFEQLAMVFPIAGDINRKKAGPDGVSGEWFTPPGVSGDI
TVYWLHGGGYYMGSVNTHARMVSLIAKAADARAFTVDYRLAPENPFPAGLDDAVVGYRWLLEQGVDP
ARLVIGGDSAGGGLTLAVLQRLREAEIPLPAATVLLSPWTDLESTGESIKTRRAADPMIDPTGALATARGY
LPGGDLRDPLVSPLHADFTGLPPMLIQVGDAEVLLDDSTRVYERADAAGVDVTLEVNDEMIHVFQFFAP
LLPEAVAAIERIGEFAKAHAGAAAAAR

图 11-1　待建模蛋白质 fasta 格式序列

（2）登录 SWISS-MODEL 同源建模网站（https://swissmodel.expasy.org/），点击“Start Modelling”按钮进入提交页面（图 11-2）。

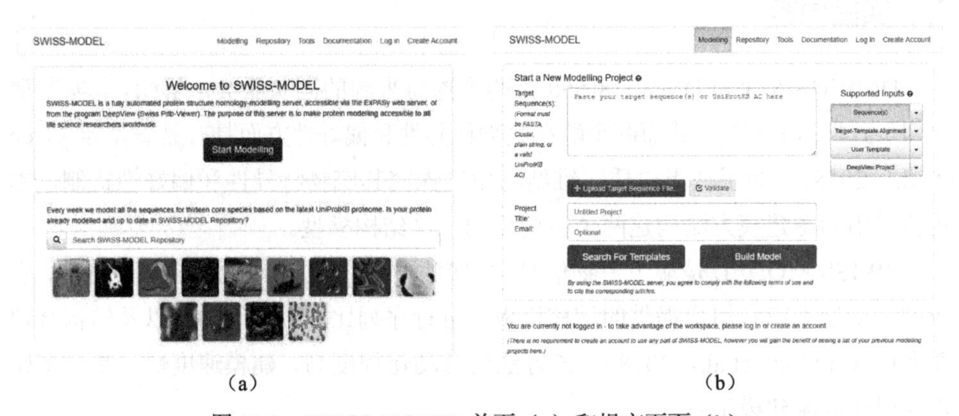

图 11-2　SWISS-MODEL 首页（a）和提交页面（b）

（3）在 Target Sequence（s）方框内分别填入待预测氨基酸序列（同时支持 UniProtKB 登录号），填写项目名称和 E-mail 信息，即可点击“Build Model”按钮通过自动模式同源建模。此外，该服务器也支持用户选择比对模式和项目模式。预测结束后，服务器将通过 E-mail 将预测结果链接发给用户。

（4）打开结果链接（图 11-3）。左侧显示模型评估结果、模板信息、序列比对结果，右侧显示模型结构图，下方显示其他模型。

（5）点击左侧模型下拉“Structure Assessment”按钮，显示包括拉氏图在内的模型评估结果（图 11-4）。

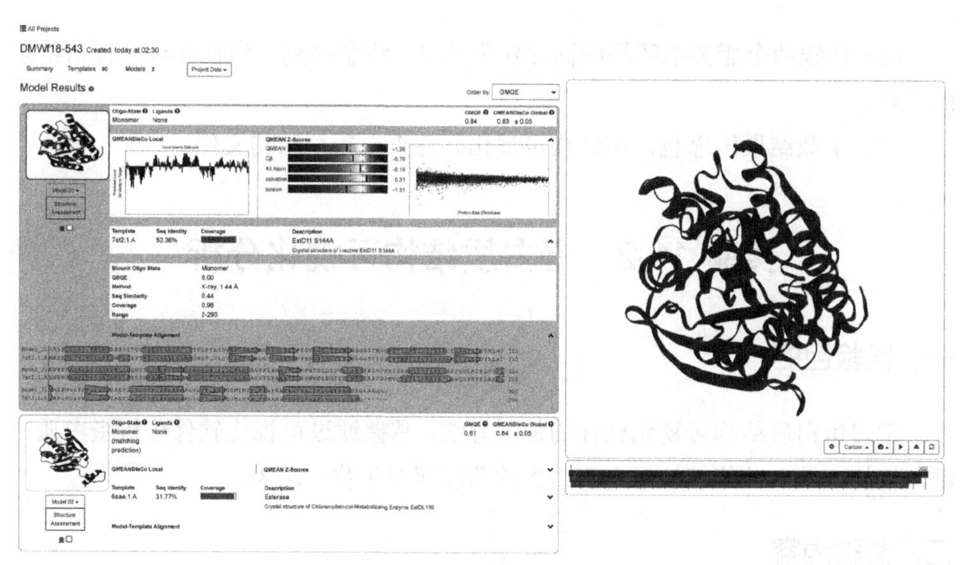

图 11-3　建模结果页面

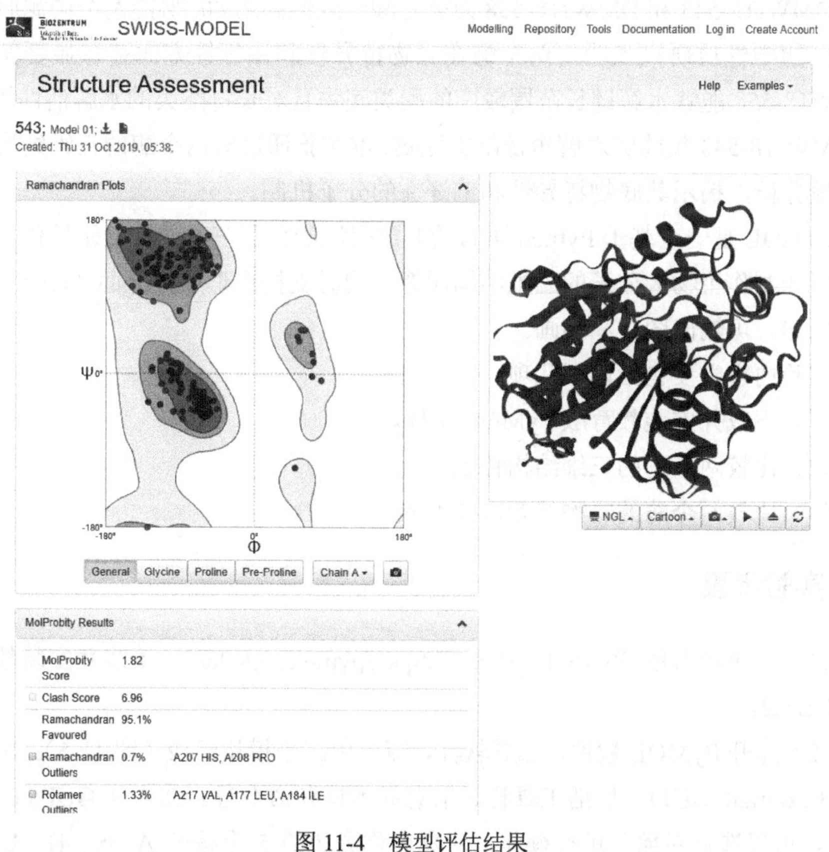

图 11-4　模型评估结果

（6）比较两个脂类水解酶的同源建模结果，注意序列一致性和模型评估结果的差异。

（7）下载结果压缩包，用结构可视化软件查看模型结构文件。

实验 11-2　蛋白质结构可视化分析

一、实验目的

学习蛋白质结构可视化软件的使用方法，掌握通过可视化软件分析蛋白质三维结构的方法，并能够从蛋白质结构的角度解释生物学现象。

二、实验内容

DMWf18-543 和 DMWf18-558 为氨基酸一致性高达 80.7%的两个同源脂类水解酶，酶学性质研究表明，两个酶在底物特异性和偏好性方面存在显著差异。DMWf18-558 能够水解链长范围较广的酯类底物且对长链酯类的水解活性较高；而 DMWf18-543 仅能够水解短链酯类底物。本实验通过对两个酶的三维结构可视化比较分析，揭示其底物特异性和偏好性的分子机制。

PyMOL 是一个基于 Python 语言的开放码源的分子三维结构显示软件，可用于分析和制作生物大分子的三维结构图像，同时支持图形用户界面（GUI）和命令行操作，可输出图片和动画。

实验内容主要包括以下几项。

（1）下载并安装教育版 PyMOL 软件。

（2）比较两个酶的三维结构特征。

（3）比较两个酶的底物结合口袋差异。

三、实验步骤

（1）登录教育版 PyMOL 网页（https://pymol.org/edu/），下载并安装教育版 PyMOL v.2。

（2）打开 PyMOL 软件，熟悉软件，窗口由三个模块组成（图 11-5）：①外部 GUI（external GUI），包括工具栏、信息显示框和命令行。②内部 GUI（internal GUI），可以选定对象并进行操作，对象名称旁边的 5 个按键 A、S、H、L 和 C

分别代表 Actions、Show、Hide、Label 和 Color 的相关操作（图 11-6）。③图像浏览区，显示结构图像。

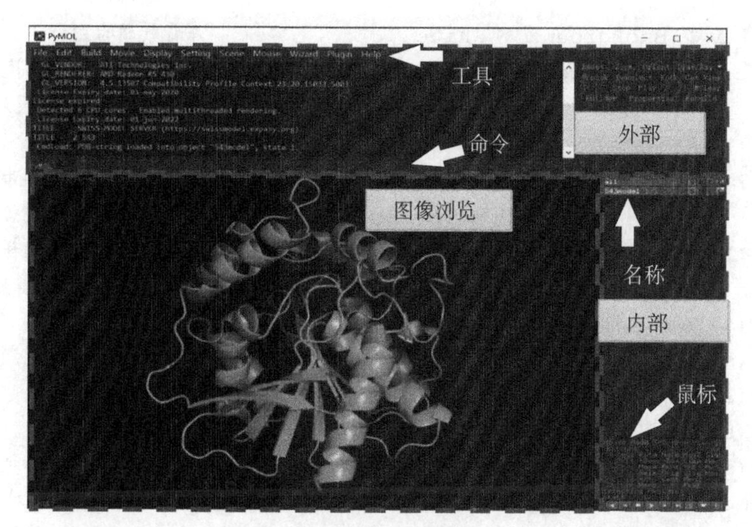

图 11-5 PyMOL 界面

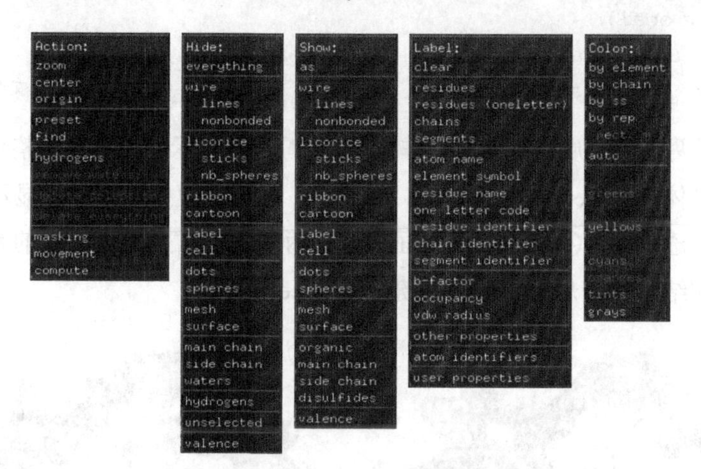

图 11-6 内部 GUI 中的操作菜单

（3）打开 DMWf18-543 和 DMWf18-558 的三维模型 PDB 文件：File→Open。

（4）操作鼠标移动并观察三维结构。操作鼠标移动的方法如下。

旋转图像：鼠标左键点击并拖动。

变换旋转中心：Ctrl/Alt/Shift+鼠标左键点击并拖动。

放大缩小图像：鼠标右键点击上下拖动。

移动剪切平面：Shift+鼠标右键点击并拖动。

（5）图像显示基本操作：

```
Display > Background > White                        #背景调为白色
Display > Sequence                                  #显示序列，可在序列或图像
                                                    上选择残基或一段序列，即
                                                    (sele)
all/(sele)> S > as > cartoon/lines/sticks           #以卡通/线状/棍状模型显
                                                    示，其他模型即被替换
(sele)> S >sticks                                   #棍状模型展示选择的残基，
                                                    同时保留原有模型显示
all/(sele)> C > oranges > orange                    #标记颜色
all/(sele)> C > by ss > Helix Sheet Loop            #以二级结构标记颜色
all/(sele)> S > surface                             #显示表面图
all/(sele)> H > surface                             #隐藏表面图
all/(sele)> L > residues                            #显示所有残基标记
543_model > A > align > to molecule > 558_model     #分子比对
all/(sele)> A > generate > vacuum electrostatics > protein contact
potential(local)
File > Save Image                                   #保存图片
File > Save Session                                 #保存 PyMOL 文件
```

（6）对两个蛋白质进行如下操作（图 11-7）：①显示卡通图并调整颜色；②选择催化三联体残基 Ser144、Glu238、His269，以棍状模型显示；③显示表面图并调整颜色和透明度；④移动剪切平面，观察两个底物结合口袋形状的差异；⑤寻找影响底物结合口袋形状差异的关键残基（Leu199）。

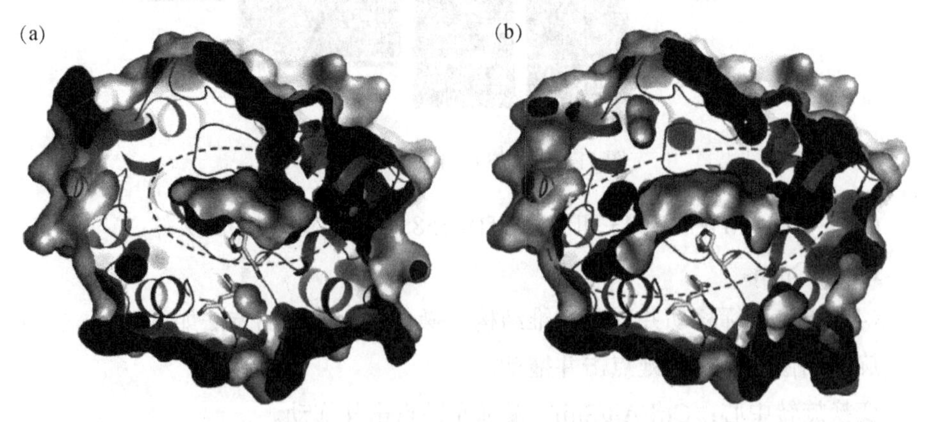

图 11-7　DMWf18-543（a）和 DMWf18-558（b）蛋白质结构可视化比对

（7）通过蛋白质可视化分析，讨论底物特异性和偏好性的分子机制。

实验 11-3　蛋白质–小分子的分子对接

一、实验目的

了解分子对接的原理和应用，学习和掌握蛋白质–小分子对接的方法。

二、实验内容

分子对接是两个或多个分子之间相互识别找到最佳匹配模式的过程。分子对接可以应用于靶蛋白结构的寻找或优化、酶催化机制的研究、目标配体的筛选和设计、从头配体设计和复合物预测等。近年来，蛋白质-小分子的分子对接方法已成为计算机辅助药物研究领域的一项重要技术。

分子对接的识别过程遵循几何能量匹配和化学环境互补的原则，首先通过搜寻受体分子结构的活性位点，将小分子置于活性口袋中，搜索并打分评估小分子的空间位置和空间构象的最佳方式。受体分子与配体结合的部位是蛋白质的某几个氨基酸残基，结合的方式包括静电相互作用、氢键相互作用、偶极相互作用、疏水相互作用和范德瓦尔斯相互作用等。

分子对接方法根据不同的简化程度分为三类——刚性对接、半柔性对接和柔性对接。刚性对接的受体和配体在对接过程中构象不发生变化，适合考察结构比较大的体系，如蛋白质和蛋白质以及蛋白质和核酸等大分子间的对接。半柔性对接过程中，大分子是刚性的，构象不变化，而配体的构象允许在一定的范围内变化，适合处理大分子和小分子间的对接，比如蛋白质分子与配体小分子的对接。柔性对接的受体和配体的构象在对接过程中均允许发生变化，一般用于精确考虑分子间的识别情况。

AutoDock 是一款开放码源的分子模拟软件，主要应用于生物大分子与小分子配体的对接。该软件由两个主要程序组成：AutoGrid 用于对靶蛋白进行网格化计算预处理，AutoDock 用于执行配体和网格化靶蛋白的对接。AutoDockTools 是 AutoDock 开发的图形用户界面，它可以引导人们使配体和受体以多种展示形式可视化（Morris et al.，2009）。

获得性免疫缺陷综合征（acquired immunodeficiency syndrome，AIDS），简称艾滋病，是由免疫缺陷病毒（human immunodeficiency virus，HIV）感染引起的一种严重的传染性疾病。HIV 逆转录酶（reverse transcriptase）催化病毒的单股正链 RNA 逆转录为前病毒双链 DNA，在 HIV 致病过程中发挥重要作用。阻断 HIV 逆转录酶的作用即能阻断 HIV 复制，因此 HIV 逆转录酶一直以来都是 AIDS 药物研发的靶点。核苷类逆转录酶抑制剂的结构与核苷类似，通过直接竞争性地与逆转录酶结合而抑制病毒聚合酶，导致未成熟的 DNA 链合成终止，从而抑制病毒复制。该类药物是最先问世、开发品种较多的一类药物（Seniya et al.，2012；Kumar et al.，2018）。

本实验通过对 HIV 逆转录酶和典型核苷类逆转录酶抑制剂药物的分子对接，理解药物筛选的基本方法和药物作用机制。

三、实验步骤

1. 安装软件

登录 AutoDock 软件网站（http://autodock.scripps.edu/），下载并安装 AutoDock 软件和 AutoDockTools 图形化工具。

2. 下载受体蛋白和配体小分子

（1）登录蛋白质结构数据库 RCSB PDB 主页（http://www.rcsb.org/）（图 11-8），搜索登录号为 1RTD 的 HIV-1 逆转录酶结构；下载其 PDB 格式的三维结构文件“1rtd.pdb”（图 11-9）；使用 PyMOL 提取其中一个逆转录酶蛋白分子，即 A（p66 亚单位）、B（p51 亚单位）、E 和 F（DNA）4 条链，存储为文件“1rtd_d.pdb”；使用 PyMOL 观察 HIV-1 逆转录酶的结构，注意催化活性中心所在位置（Asp110、Asp185 和 Asp186，如图 11-10 所示）。

（2）登录 PubChem 数据库（https://pubchem.ncbi.nlm.nih.gov/），搜索并下载替诺福韦（tenofovir）二维结构 SDF 文件（图 11-11）；使用 OpenBabel 工具将替诺福韦二维结构 SDF 文件转换为三维结构 PDB 文件（图 11-12）。

（3）将处理好的分子结构文件放入一个方便的文件夹内。

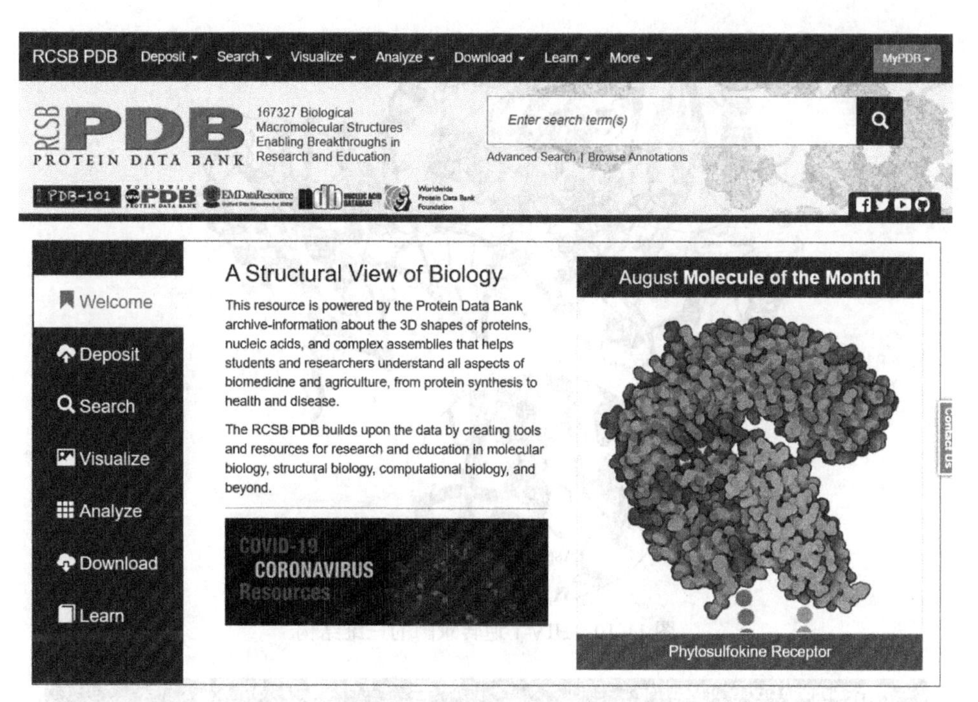

图 11-8　蛋白质结构数据库 RCSB PDB 主页

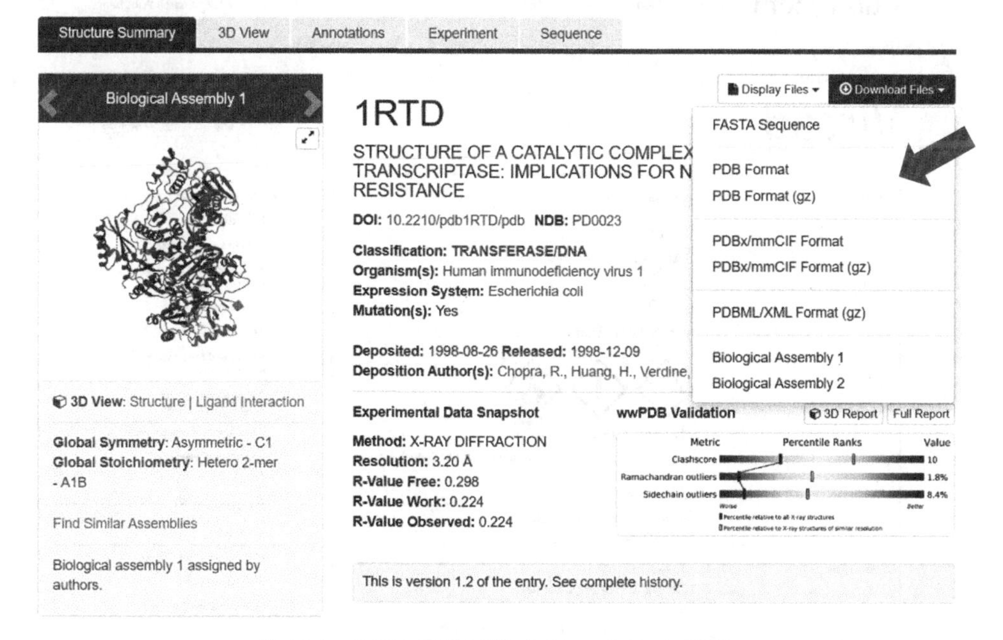

图 11-9　HIV-1 逆转录酶（PDB：1RTD）界面

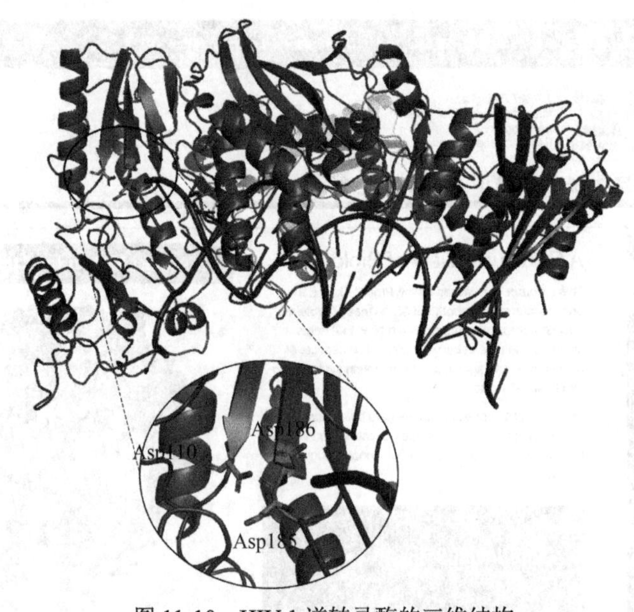

图 11-10　HIV-1 逆转录酶的三维结构

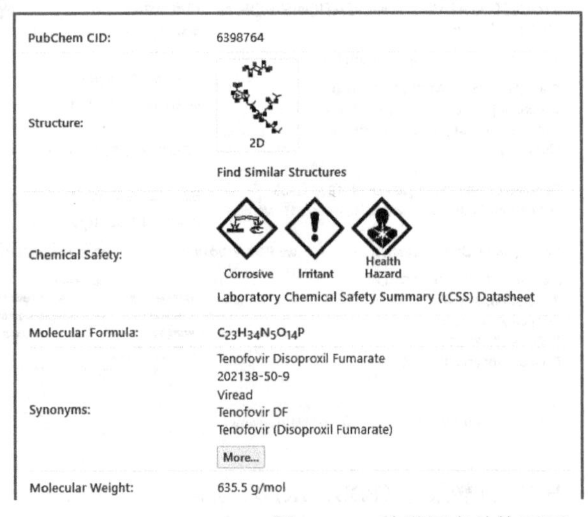

图 11-11　替诺福韦结构页面

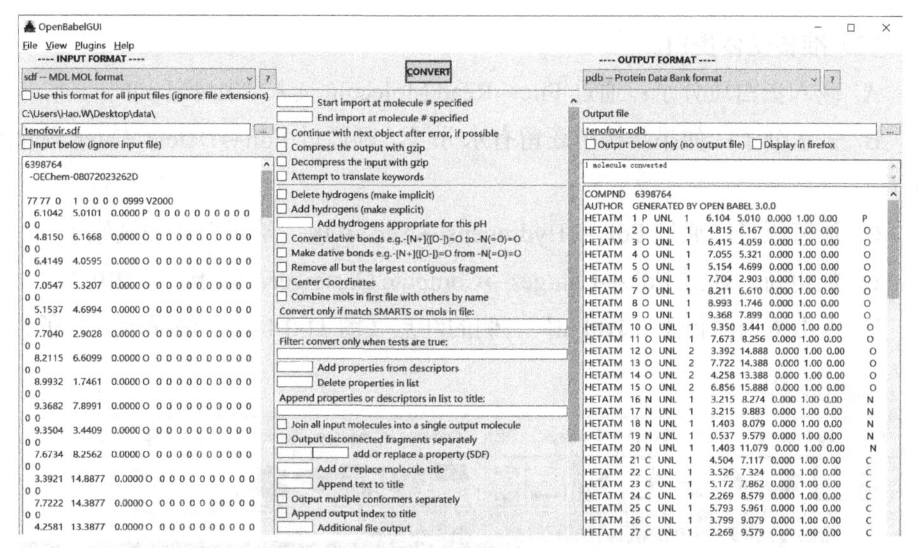

图 11-12　OpenBabel 结构文件格式转换界面

3. 准备受体蛋白和配体小分子

（1）准备软件：启动 AutoDockTools，熟悉软件界面、菜单栏和工具栏（图 11-13）；通过 File→Preferences→Set 中的 Startup Directory 设置默认路径至上一步的文件夹。

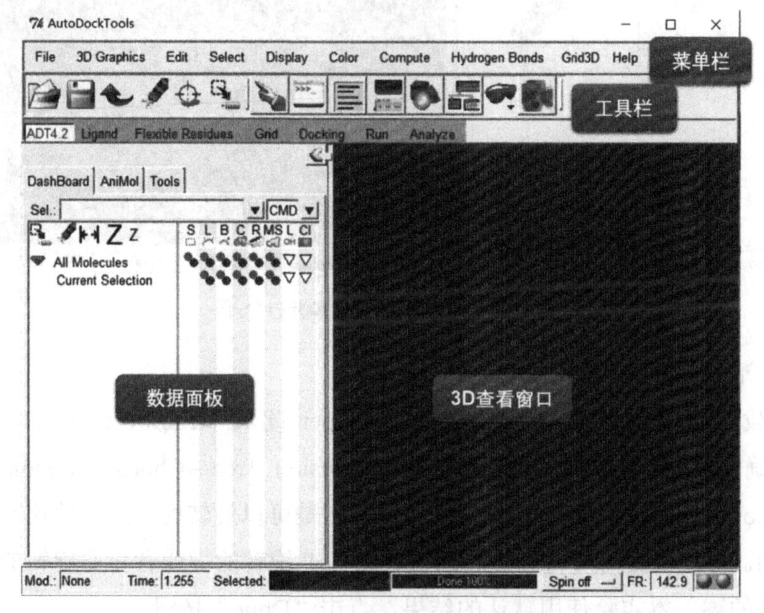

图 11-13　AutoDockTools 界面

（2）准备受体蛋白。

A. 载入蛋白质分子：通过 File→Read Molecule 读入“1rtd_d.pdb”。

B. 去水分子：如果结构中还留有水分子，则通过 Edit→Delete Water 删除水分子。

C. 加氢原子：通过 Edit→ Hydrogens→Add→OK，给蛋白质加氢原子。

D. 加电荷：通过 Edit→Charges→Compute Gasteiger，给蛋白质加电荷。

E. 点击数据面板上“1rtd_d”右侧的红点（图 11-14），取消显示大分子。

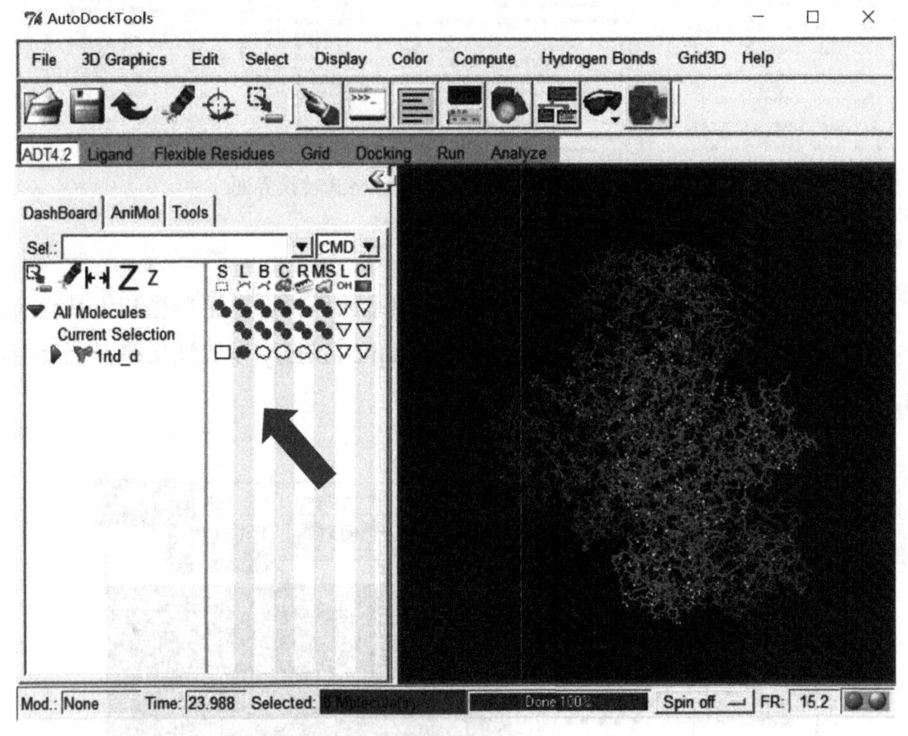

图 11-14　准备好的受体蛋白分子

（3）准备配体小分子：

A. 载入小分子：通过 Ligand→Input→Open 读入“tenofovir.pdb”。

B. 确定键的旋转要求：通过 Ligand→Torsion Tree→Choose Torsions，弹出 Torsion Count 窗口（图 11-15），绿色的化学键是可以旋转的，红色的化学键是不能旋转的。可以根据需要将可旋转的键设置为非旋转的键或者将非旋转的键设置为可旋转的键。本实验使用默认的结果，点击“Done”按钮。

C. 保存小分子：通过 Ligand→Output→Save as PDBQT 保存准备好的小分子结构文件。

D. 点击数据面板上分子右侧的红点（图 11-14），取消显示小分子，显示蛋白质。

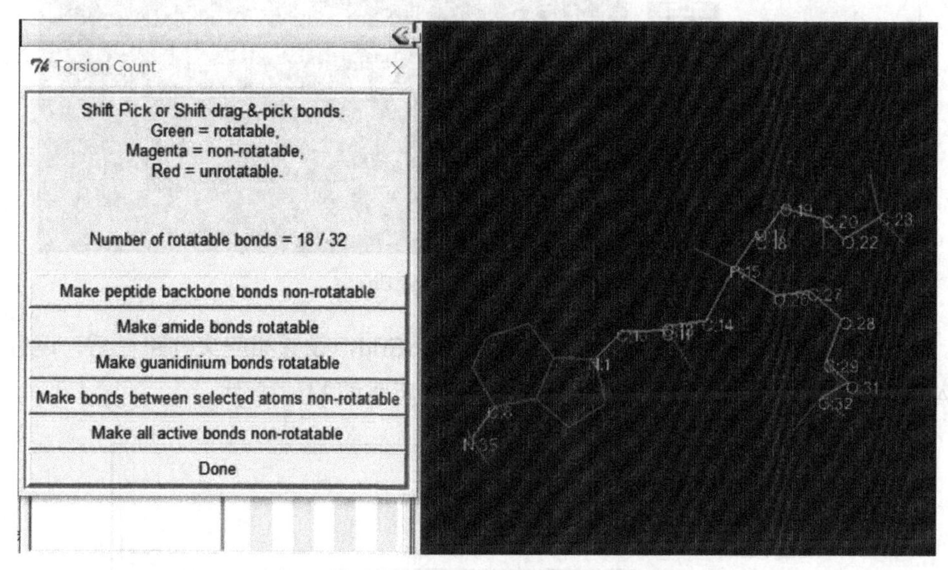

图 11-15　确定小分子的化学键的旋转要求

4. AutoGrid

（1）确定受体大分子：通过 Grid→Macromolecule→Choose→选中 1rtd_d→Select Molecule，确定该蛋白质为要对接的大分子，保存加工后的蛋白质分子 PDBQT 文件。

（2）设置涉及原子类型：点击 Grid→Set Map Types→Directly，在弹出的窗口中列出了可能涉及的原子，如果还有其他原子，需要自行写入输入框。本实验中的蛋白质结合有 DNA，因此还需填入磷原子“P”。

（3）设置 Grid Box：Grid Box 是人为设置的一个空间范围，小分子在这个空间范围内尝试各种对接方式。因本实验中小分子在蛋白质上的对接位置是已知的，即催化活性中心周围，因此可据此设置 Grid Box 的位置和大小。通过 Grid→Grid Box 设置 Grid Box 的位置和大小（图 11-16）。

（4）保存 Grid Box 参数：点击 Grid Options 窗口上的 File→Close saving current 保存当前设置。通过 Grid→Output→Save GPF 保存 GPF 参数文件。

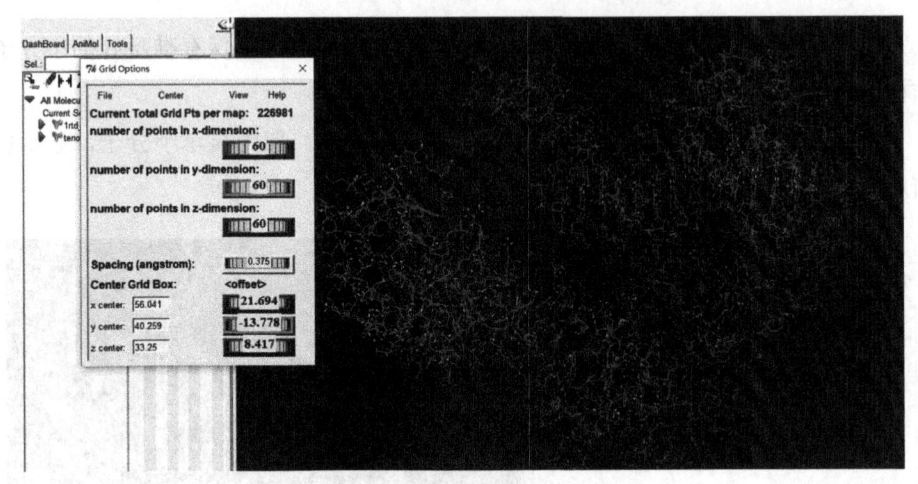

图 11-16 设置 Grid Box

（5）运行 AutoGrid：点击 Run→Run AutoGrid，设置相应文件路径后，运行 AutoGrid4 程序（图 11-17），获得下一步对接所需的 Map 文件。

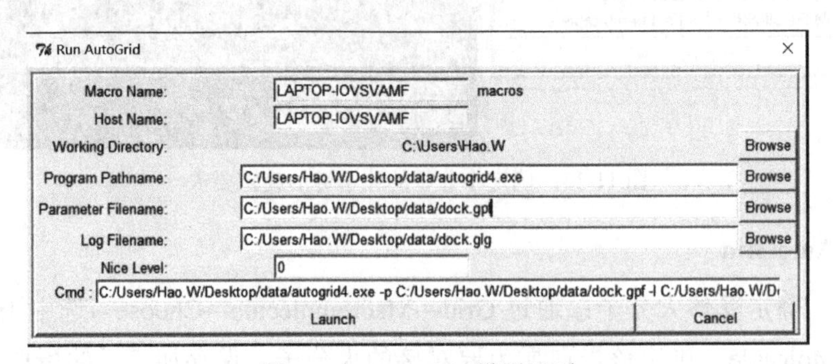

图 11-17 AutoGrid 设置界面

5. AutoDock

（1）选定蛋白质分子：点击 Docking→Marcomolecule→Set Rigid Filename，选择 1rtd_d.pdbqt。

（2）选定小分子：点击 Docking→Ligand→Choose，选择 tenofovir，点击“Accept”按钮。

（3）设置 Docking 参数：通过 Docking→Search Parameters→Genetic Algorithm…，设置 AutoDock 参数（图 11-18）。

（4）保存 Docking 参数文件：点击 Docking→Output→ Lamarckian GA（4.2）保存 DPF 参数文件。

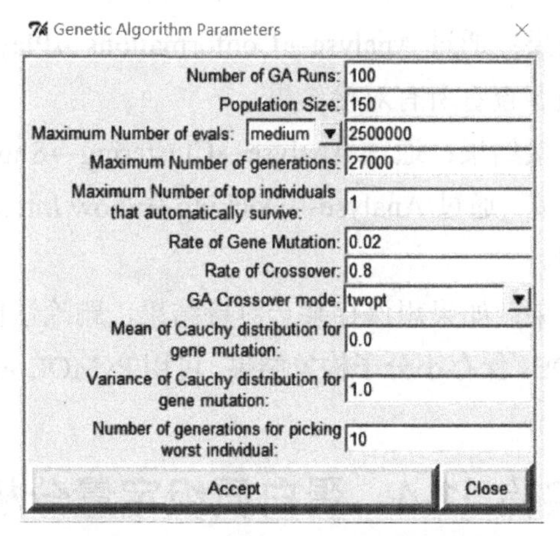

图 11-18　AutoDock 参数设置界面

（5）运行 AutoDock：点击 Run→Run AutoDock，设置相应文件路径后，运行 AutoDock4 程序（图 11-19）。

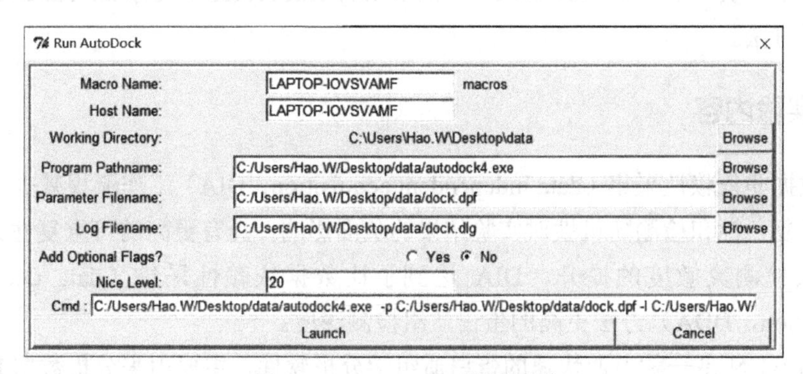

图 11-19　AutoDock 设置界面

6. 查看 Docking 结果

AutoDock 运行需要较长时间，时长与设置的 Grid Box 大小和 Run 数量有关。运行结束后，在工作文件夹中生成“dock.dlg”的对接结果文件。

（1）删除已载入文件：通过 Edit→Delete→Delete All Molecule→Continue 删除所有已载入的分子。

（2）打开结果文件：点击 Analyse→Docking→Open，选择打开结果文件“dock.dlg”。

（3）打开蛋白质分子：点击 Analyse→Macromolecule→Open，选择打开蛋白质结构文件“1rtd_d.pdbqt”。

（4）查看对接结果：通过 Analyse→Conformations→Play，ranked by energy，以能量由低到高的顺序查看所有对接结果。

（5）聚类分析对接结果：通过 Analyse→Clustering→Show，查看聚类结果。

（6）查看对接细节：通过 Analyse→Docking→Show Interactions，查看氨基酸和小分子的相互作用。

（7）保存对接结果：如果想保存某一对接结果，删除蛋白质大分子后，通过 File→Save→Write PDB，保存小分子构象结果。可用 PyMOL 可视化分析对接结果。

实验 11-4　蛋白质组定量分析

一、实验目的

通过本实验了解并掌握 DIA-NN 的 library-free search（或称 DIA directly）定量分析方法。

二、实验内容

数据非依赖性采集（data independent acquisition，DIA）工作流程减少了蛋白质组的复杂性和检测随机性对实验结果的负面影响；具有更高的可重复性。随着质谱仪检测灵敏度的提升，DIA 达到了比数据依赖性采集（data dependent acquisition，DDA）方法更高的蛋白质组检测深度。

DIA-NN 是一款方便快速的蛋白质组学分析软件，主要用来分析数据非依赖的蛋白质数据，即 DIA 和 SWATH 数据；不仅可以基于传统的质谱库进行蛋白质定量分析，还支持 DIA directly 的分析方法。该方法发表于 2020 年 1 月的 *Nature Method*（“DIA-NN：neural networks and interference correction enable deep proteome coverage in high throughput”）。这款软件有 Windows 的 GUI 版本和 command 版本，也有 Linux 的 command 版本。

三、实验步骤

（1）下载安装 proteowizard（http://proteowizard.sourceforge.net/download.html）和 DIA-NN（https://github.com/vdemichev/DiaNN/releases）。准备数据：①质谱数据，本实验利用 PXD005573 的 Fig1_MP-DIA-120min-30kMS1-25W30k_MHRM_

R01.raw（https://ftp.pride.ebi.ac.uk/pride/data/archive/2017/10/PXD005573/Fig1_MP-DIA-120min-30kMS1-25W30k_MHRM_R01.raw）数据进行演示；②蛋白质序列文件。

（2）虽然 DIA-NN 的手册说明支持.raw 和.wiff 文件，但还额外需要.dll 文件和相应的数据导入接口，所以推荐用.mzML 文件作为输入文件。首先用 MSConvert 将.raw 或者.wiff 文件转换为.mzML 格式的文件。打开 MSConvert（proteowizard 软件中），在图 11-20 框①中点击“Browse”按钮选择需要转换的文件，点击“Add”按钮，将文件加载到输入文件框中（可批量进行文件操作）。

（3）在 MSConvert 中选择合适的 Output Directory（图 11-20 框②），Output 格式选择 mzML。

（4）在 MSConvert 的 Filters 中（图 11-20 框③）选择 Peak Picking，MS Levels 设置为 1-2，点击“Add”按钮。最后点击“Start”按钮（图 11-20 框④），运行 MSConvert 程序。

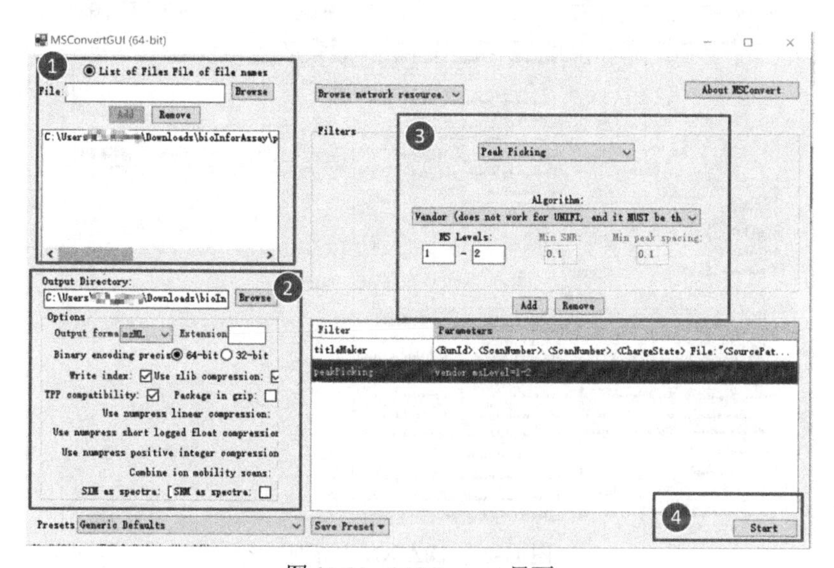

图 11-20　MSConvert 界面

（5）MSConvert 运行过程中会显示运行的 Progress（图 11-21），运行完毕显示 Finished。

（6）质谱文件格式转换完成之后，打开 DIA-NN。如图 11-22 所示，DIA-NN 主要包括 5 个面板：Input、Output、Precursor ion generation、Algorithm 和 Log 面板。将鼠标悬停在参数上就会显示出每个参数的意思。输入本次实验的名字，如图 11-23 框①，输入“bioInforAssay”。

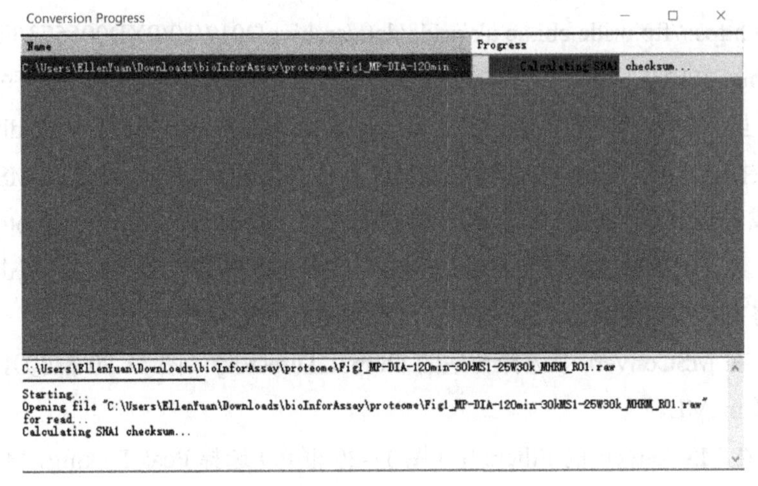

图 11-21 MSConvert Progress

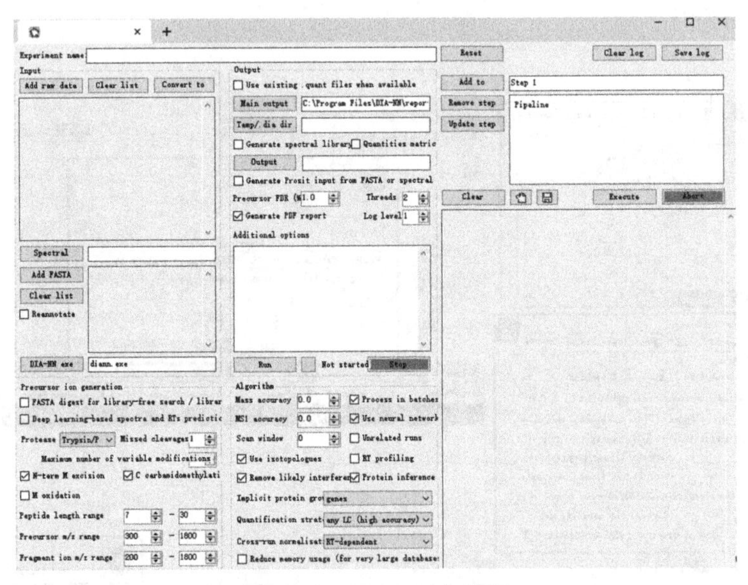

图 11-22 DIA-NN 主界面

（7）在 Input 面板中输入相应的文件。如图 11-23 框②，点击“Add raw data”按钮，添加用 MSConvert 转换的.mzML 文件。

（8）添加库文件或者序列文件。如果不用 library-free search 模式，需要载入 spectral library 和 fasta 文件。DIA-NN 接受纯文本格式（制表符分隔或逗号分隔，即.tsv、.csv、.xls 或.txt）以及其自己的二进制格式（.speclib）的谱库。如果使用无库搜索[需要在前体离子生成（precursor ion generation）面板中启用 FASTA 消化]，则将以计算方式消化 fasta 文件以生成光谱库，然后将其用于后续的采集分析。本实验采用 library-free 的方式进行搜索，所以在图 11-23 框③，点击“Add FASTA”按钮，添加蛋白质序列。

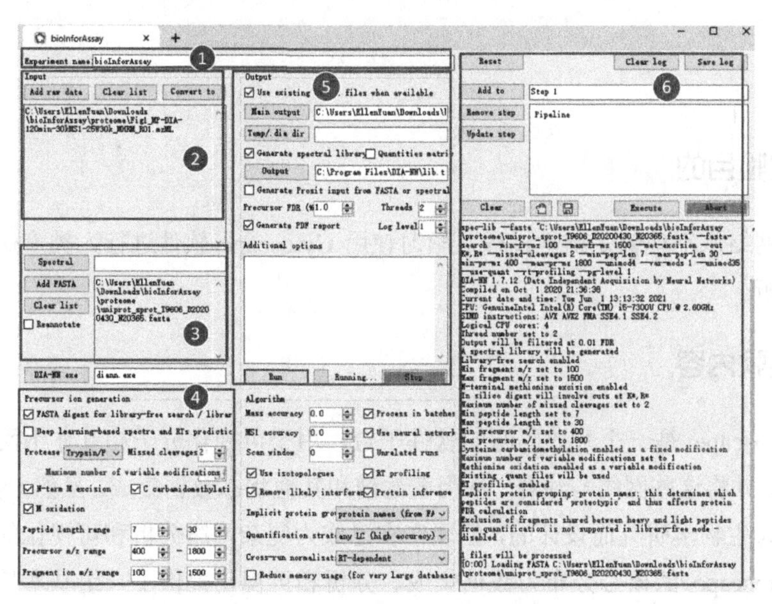

图 11-23　DIA-NN 运行界面

（9）前体离子生成面板参数设置。在图 11-23 框④中，勾选 FASTA digest for library-free search。其他参数可以默认，也可以根据具体实验需求更改。

（10）在 Output 面板中，设置输出信息。在图 11-23 框⑤中，点击“Main output”按钮，设置最终的输出结果文件，如“NAME.report.tsv”。勾选 Generate spectral library。点击“Output”按钮，设置产生的谱图库文件名。设置 Precursor FDR（%）为 1.0。在 Additional options 中输入：--protein-qvalue 0.01（设置蛋白质水平的 FDR 小于等于 0.01）。

运行完成后在输出文件夹中会有多个输出文件，NAME.report.tsv 为 DIA-NN 的结果文件；NAME.report.stats.tsv 为鉴定结果的统计文件；NAME.lib.tsv 为 DIA-NN 产生的谱图库文件。

（11）在 Log 面板中，会显示分析进程，分析完成后，可以点击“Save log”按钮保存运行日志。

实验 12　Cytoscape 系统生物学

一、实验目的

从网络水平理解生物学过程，学习使用 Cytoscape 软件进行人类疾病网络建模与分析。

二、实验内容

Cytoscape 是一个开放码源的软件平台，用于可视化分子相互作用网络和生物途径，并将这些网络与注释、基因表达谱和其他状态数据集成。虽然 Cytoscape 最初是为生物学研究而设计的，但现在它已成为复杂网络分析和可视化的通用平台。Cytoscape 的核心分布为数据集成、分析和可视化提供了一组基本特性。应用平台相关的插件可以扩大该软件的应用范围。任何人都可以使用基于 Java 技术的 Cytoscape 开放式应用程序编程接口开发相关插件。大多数应用程序都可以从 Cytoscape 应用程序商店免费获得。

Cytoscape 的核心是网络结构的数据。简单的网络图包括节点（node）和边（edge），每个节点可以是基因、mRNA 或蛋白质等；节点与节点之间的连接（edge）代表着这些节点之间存在相互作用，相互作用的类型包括但不限于蛋白质与蛋白质相互作用、DNA 与蛋白质相互作用。

本实验以 2007 年 Goh 发表的文章“The human disease network”中的数据为例子，该文章收集了截至 2005 年 12 月在线孟德尔遗传（Online Mendelian Inheritance in Man，OMIM）数据库中疾病和疾病基因的数据，构建了人类疾病网络（human disease network，HDN），该网络包含 1284 种人类疾病，分属 22 个疾病大类。人类疾病网络的元素：节点表示疾病，边表示疾病与疾病之间的关系。

网络设计：如果两个节点（疾病）共享至少一个导致这两种疾病的基因，则在两个节点之间连线。

此网络为加权网络，网络中节点的大小表示与此疾病相关的基因数目，网络中边的粗细表示两个节点（疾病）共享疾病基因的数目。

三、实验步骤

1. 软件安装

登录 Cytoscape 网站（https://cytoscape.org），下载并安装 Cytoscape 正版软件。

2. 下载人类疾病网络数据

前往 http://10.71.115.210/download/Cytoscape/data/HDN/，或者在本书附录数据资料中下载该目录下的数据文件。

3. 人类疾病网络建模

（1）准备软件：熟悉 Cytoscape 软件界面的控制台、工具栏等区域（图 12-1）。

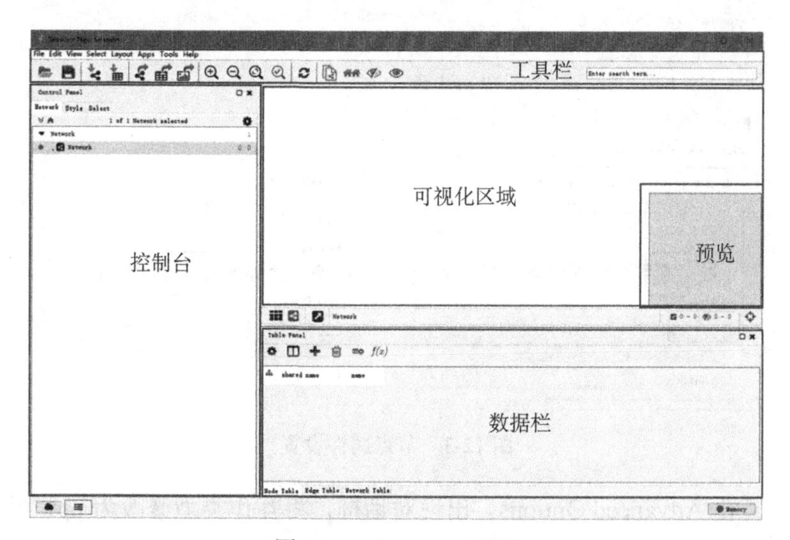

图 12-1 Cytoscape 界面

（2）导入文件创建疾病基因互作网络，单击工具栏 Import Network From File，选择 SourceData.xls，点击“打开”按钮（图 12-2）。

（3）单击第一列数据，修改为 source，数据类型为字符串；单击第二列数据，修改为 target，数据类型为字符串（图 12-3）。

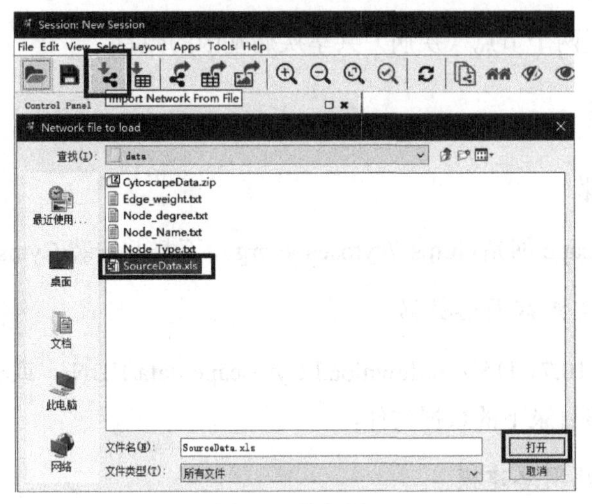

图 12-2　数据导入

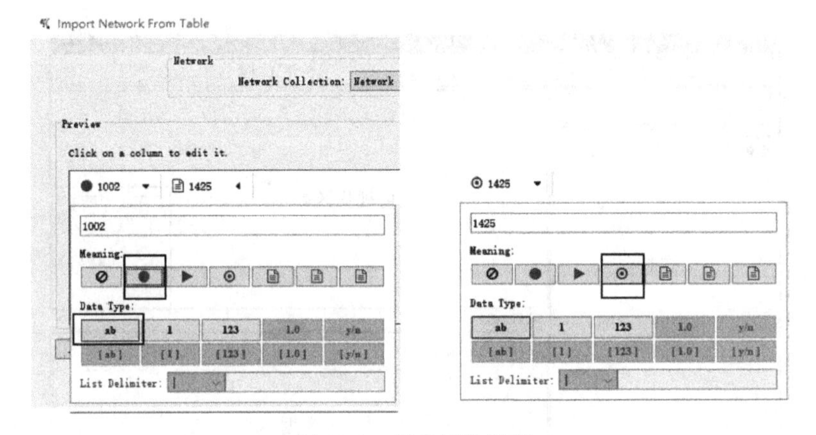

图 12-3　节点属性设置

（4）点击 Advanced Options，出现对话框，将互作类型修改为 pp，并取消将第一行作为表头（图 12-4）。

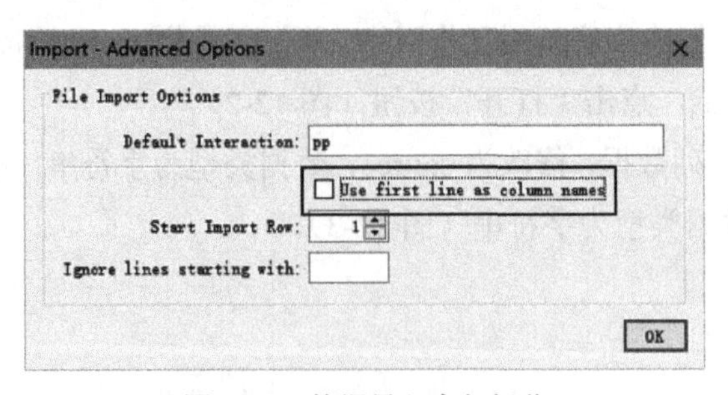

图 12-4　数据导入高级操作

（5）单击工具栏 Layout，选择一种布局（图 12-5）。

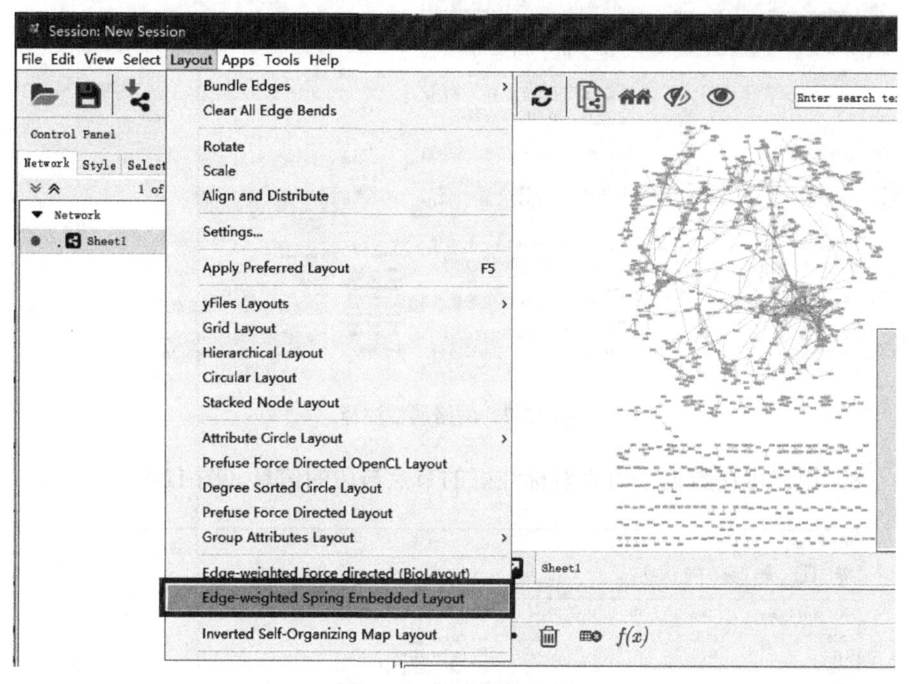

图 12-5　修改网络布局

（6）单击工具栏 Import Table From File，选择属性文件打开（图 12-6）。

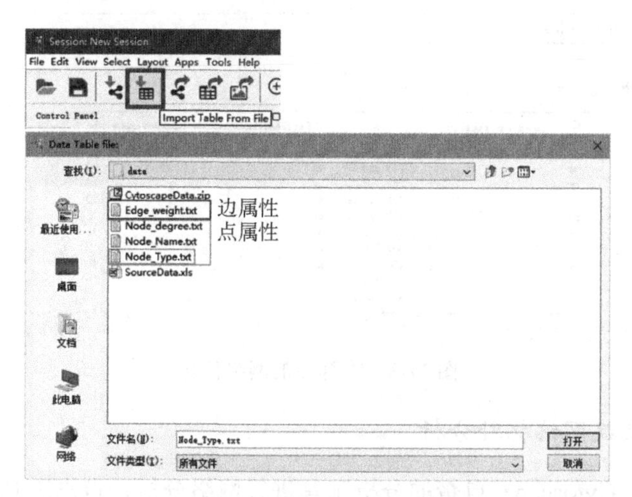

图 12-6　导入节点与边的属性

（7）利用属性文件对网络中的节点与边进行注释（图 12-7）。

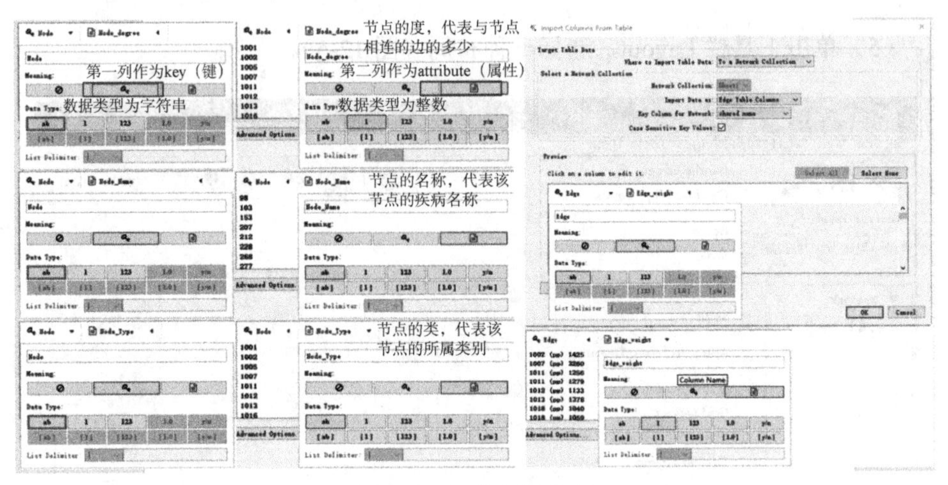

图 12-7 网络属性注释

（8）用户可在数据栏内查看标注好的节点与边的信息（图 12-8）。

Table Panel

shared name	name	Node_degree	Node_Type	Node_Name
3229	3229	5	Cancer	
107	107	3	Unclassified	
1130	1130	4	Ophthamological	
1306	1306	3	Dermatological	
1553	1553	3	Dermatological	
1074	1074	10	Cancer	Nasopharyngeal car...
1166	1166	11	Cancer	Osteosarcoma
1178	[illegible]	23	Cancer	Pancreatic cancer
2054	2054	10	Cancer	Adrenal cortical c...
5037	5037	10	Cancer	Multiple malignanc...

Node Table | Edge Table | Network Table

Table Panel

shared name	shared interaction	name	interaction	Edge_weight
352 (pp) 1316	pp	352 (pp...	pp	14
228 (pp) 1272	pp	228 (pp...	pp	13
268 (pp) 1040	pp	268 (pp...	pp	13
301 (pp) 1099	pp	301 (pp...	pp	13
352 (pp) 973	pp	352 (pp...	pp	12
1316 (pp) 2937	pp	1316 (p...	pp	11
301 (pp) 410	pp	301 (pp...	pp	10
406 (pp) 1551	pp	406 (pp...	pp	10
410 (pp) 1099	pp	410 (pp...	pp	10
427 (pp) 1020	pp	427 (pp...	pp	10

Node Table | Edge Table | Network Table

图 12-8 注释后的网络信息

4. 人类疾病网络拓扑分析

（1）使用 Cytoscape 自带的分析工具进行网络分析，点击工具栏中 Tools→Analyze Network，在 Set Parameters 界面中取消勾选 Analyze as Directed Graph，点击“OK”开始分析。在可视化区域左侧将得到分析结果的概要（图 12-9）。

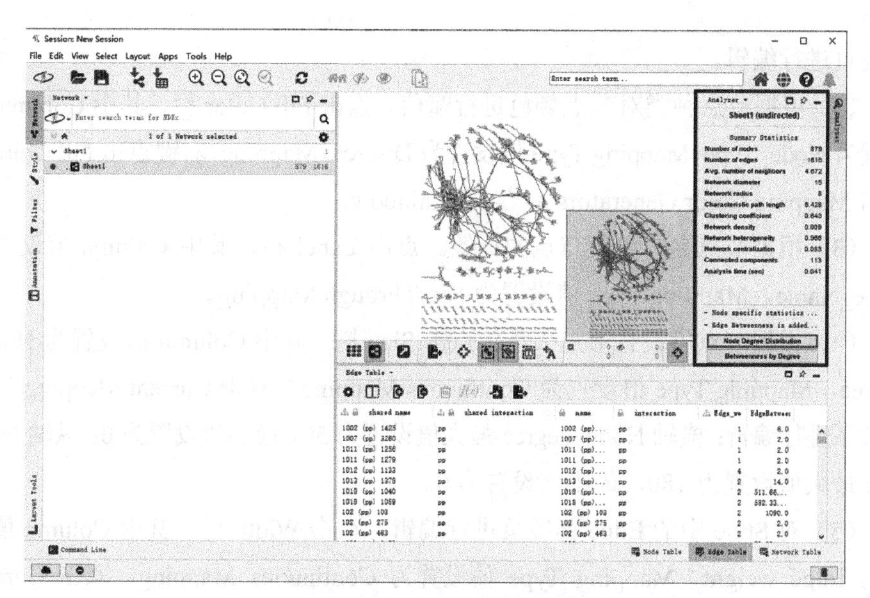

图 12-9　网络分析结果概要

（2）点击结果概要中的“Node Degree Distribution”按钮，对人类疾病网络中选中的拓扑参数进行可视化，得到人类疾病网络中边权重对于网络的边的数目的分布图（图 12-10）。

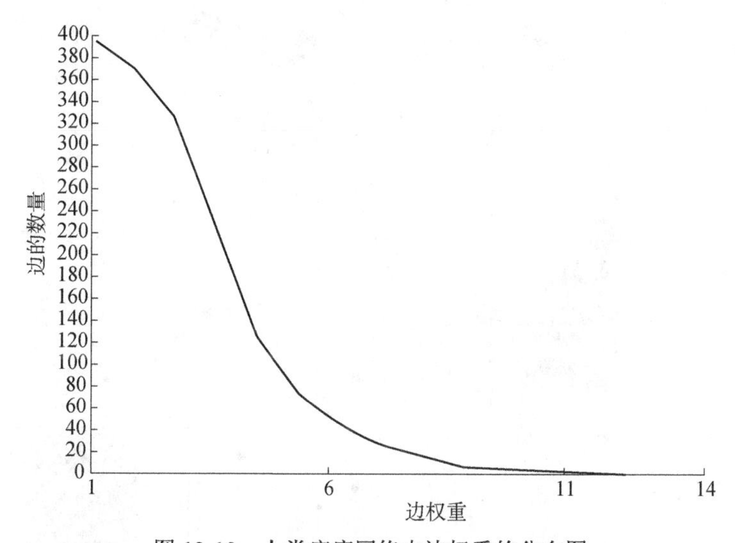

图 12-10　人类疾病网络中边权重的分布图

5. 改变网络属性

（1）点击控制台中 Style 选项对网络属性进行编辑。首先对 Style 中的 Node

标签页进行编辑。

（2）根据节点种类对节点颜色进行赋值。点击 Fill Color 栏，其中 Column 值设置为 Node_Type，Mapping Type 值设置为 Discrete Mapping，右键点击 Fill Color→点击 Mapping Color Generators → 点击 Rainbow。

（3）根据节点名称设置节点的标签。点击 Label 栏，其中 Column 值设置为 Node_Name，Mapping Type 值设置为 PassThrough Mapping。

（4）根据节点度设置节点大小。点击 Size 栏，其中 Column 值设置为 Node_degree，Mapping Type 值设置为 Continuous Mapping，双击 Current Mapping 对映射关系进行编辑：横轴 Node_degree 最大值设置为 50，最小值设置为 0；纵轴 Node Size 最大值设置为 180，最小值设置为 0。

（5）对 Style 中的 Edge 标签页进行编辑，点击 Width 栏，其中 Column 值设置为 Edge_weight，Mapping Type 值设置为 Continuous Mapping，双击 Current Mapping 对映射关系进行编辑：横轴 Edge_weight 最大值设置为 14，最小值设置为 0；纵轴 Edge_width 最大值设置为 14，最小值设置为 0。

（6）在可视化区域中显示编辑后的网络（图 12-11）。

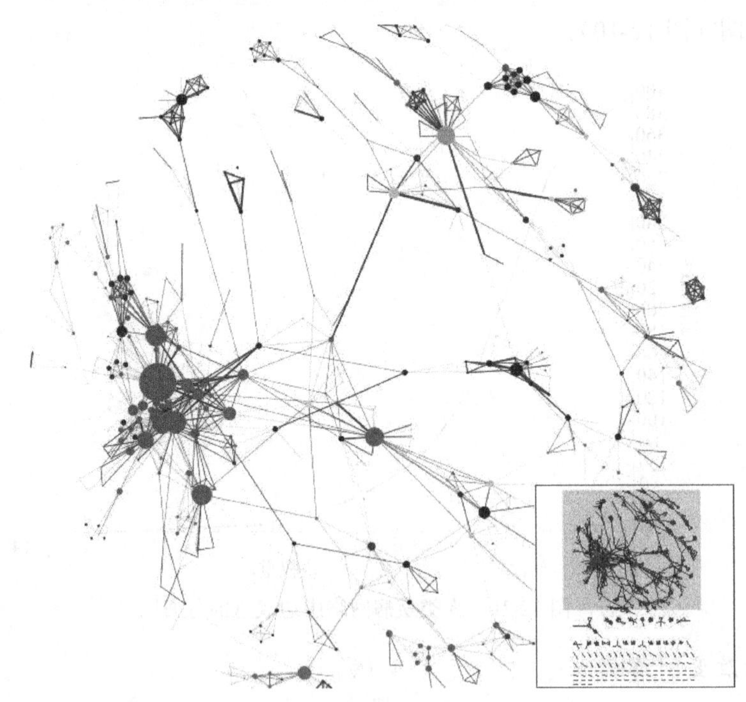

图 12-11 编辑后人类疾病网络的可视化结果

参 考 文 献

陈铭. 2018. 生物信息学. 3 版. 北京：科学出版社.

Alang N.，Kelly C. R. 2015. Weight gain after fecal microbiota transplantation. Open Forum Infect Dis，2（1）：ofv004.

Altschul S. F.，Gish W.，Miller W.，et al. 1990. Basic local alignment search tool. J Mol Biol，215（3）：403-410.

Anders S.，Huber W. 2010. Differential expression analysis for sequence count data. Genome Biol，11（10）：R106.

Anders S.，Pyl P. T.，Huber W. 2015. HTSeq—a Python framework to work with high-throughput sequencing data. Bioinformatics，31（2）：166-169.

Andrew W.，Martino B.，Stefan B.，et al. 2018. SWISS-MODEL：homology modelling of protein structures and complexes. Nucleic Acids Research，（W1）：W296-W303.

Andrews S. 2010. Babraham Bioinformatics—FastQC a quality control tool for high throughput sequence data. https://www.mendeley.com/catalogue/a6bbae9b-7738-34a3-99bb-d8d4a8492283/ [2021-8-20].

Bolger A. M.，Lohse M.，Usadel B. 2014. Trimmomatic：a flexible trimmer for Illumina sequence data. Bioinformatics，30（15）：2114-2120.

Boutet E.，Lieberherr D.，Tognolli M.，et al. 2016. UniProtKB/Swiss-Prot，the manually annotated section of the UniProt KnowledgeBase：How to use the entry view. Methods in Molecular Biology（Clifton，N.J.），1374：23-54.

Burge C.，Karlin S. 1997. Prediction of complete gene structures in human genomic DNA. J Mol Biol，268（1）：78-94.

Conesa A.，Madrigal P.，Tarazona S.，et al. 2016. A survey of best practices for RNA-seq data analysis. Genome Biol，17：13.

Dance A. 2016. Synthetic human genome set to spur applications. Nat Biotechnol，34（8）：796-797.

Dennis G.，Sherman Jr. B. T.，Hosack D. A.，et al. 2003. DAVID：Database for annotation， visualization, and integrated discovery. Genome Biol, 4（5）: 3.

Dobin A., Davis C. A., Schlesinger F., et al. 2013. STAR: ultrafast universal RNA-seq aligner. Bioinformatics, 29（1）: 15-21.

Gan X., Stegle O., Behr J., et al. 2011. Multiple reference genomes and transcriptomes for *Arabidopsis thaliana*. Nature, 477（7365）: 419-423.

Guglielmi G. 2018. How gut microbes are joining the fight against cancer. Nature, 557（7706）: 482-484.

Hao Y., Hao S., Andersen-Nissen E., et al. 2021. Integrated analysis of multimodal single-cell data. Cell, 184（13）: 3573-3587, e29.

Higgins D. G., Thompson J. D., Gibson T. J. 1996. Using CLUSTAL for multiple sequence alignments. Methods Enzymol, 266: 383-402.

Huo Y. Y., Jian S. L., Cheng H., et al. 2018. Two novel deep-sea sediment metagenome-derived esterases: residue 199 is the determinant of substrate specificity and preference. Microbial Cell Factories, 17（1）: 16.

Hutchison C. A., Chuang R.Y., Noskov V. N., et al. 2016. Design and synthesis of a minimal bacterial genome. Science, 351（6280）: aad6253.

Hutchison C. A., Chuang R. Y., Noskov V. N., et al. 2021. The gut microbiome: what the oncologist ought to know. Br J Cancer, 125: 1197-1209.

Kim D., Paggi J. M., Park C., et al. 2019. Graph-based genome alignment and genotyping with HISAT2 and HISAT-genotype. Nat Biotechnol, 37（8）: 907-915.

Kumar S., Stecher G., Li M., et al. 2018. MEGA X: Molecular evolutionary genetics analysis across computing platforms. Brief Communication,（6）: 6.

Langfelder P., Horvath S. 2008. WGCNA: an R package for weighted correlation network analysis. BMC Bioinformatics, 9: 559.

Langmead B., Trapnell C., Pop M., et al. 2009. Ultrafast and memory-efficient alignment of short DNA sequences to the human genome. Genome Biol, 10（3）: R25.

Li B., Dewey C. N. 2011. RSEM: accurate transcript quantification from RNA-seq data with or without a reference genome. BMC Bioinformatics, 12: 323.

Li H., Durbin R. 2009. Fast and accurate short read alignment with Burrows-Wheeler transform. Bioinformatics, 25（14）: 1754-1760.

Li H., Durbin R. 2010. Fast and accurate long-read alignment with Burrows-Wheeler transform. Bioinformatics, 26（5）: 589-595.

Li H.，Handsaker B.，Wysoker A.，et al. 2009. Genome project data processing，the sequence alignment/Map format and SAMtools. Bioinformatics，25（16）：2078-2079.

Liao Y.，Smyth G. K.，Shi W. 2014. featureCounts：an efficient general purpose program for assigning sequence reads to genomic features. Bioinformatics，30（7）：923-930.

Liu C.，Bai B.，Skogerbo G.，et al. 2005. NONCODE：an integrated knowledge database of non-coding RNAs. Nucleic Acids Res，33（Database issue）：D112-D115.

Lo Y. M.，Corbetta N.，Chamberlain P. F.，et al. 1997. Presence of fetal DNA in maternal plasma and serum. Lancet，350（9076）：485-487.

Lo Y. M.，Tsui N. B.，Chiu R. W.，et al. 2007. Plasma placental RNA allelic ratio permits noninvasive prenatal chromosomal aneuploidy detection. Nat Med，13（2）：218-223.

Martin M. 2011. Cutadapt removes adapter sequences from high-throughput sequencing reads. EMBnet Journal，17（1）：3.

Medina I.，Salavert F.，Sanchez R.，et al. 2013. Genome Maps，a new generation genome browser. Nucleic Acids Res，41（Web Server issue）：W41-W46.

Mishra D.，Bepler T.，Teague B.，et al. 2021. An engineered protein-phosphorylation toggle network with implications for endogenous network discovery. https://www.science.org/doi/10.1126/science.aav0780[2021-8-20].

Morris G. M.，Huey R.，Lindstrom W.，et al. 2009. AutoDock4 and AutoDockTools4：Automated docking with selective receptor flexibility. Journal of Computational Chemistry，30（16）：2785-2791.

O'Leary N. A.，Wright M. W.，Brister J. R.，et al. 2015. Reference sequence（RefSeq）database at NCBI：current status，taxonomic expansion，and functional annotation. Nucleic Acids Research，44（D1）：D733-D745.

Pelletier J. F.，Sun L.，Wise K. S.，et al. 2021. Genetic requirements for cell division in a genomically minimal cell. Cell，184（9）：2430-2440，e2416.

Pertea M.，Pertea G. M.，Antonescu C. M.，et al. 2015. StringTie enables improved reconstruction of a transcriptome from RNA-seq reads. Nat Biotechnol，33（3）：290-295.

Ritchie M. E.，Phipson B.，Wu D.，et al. 2015. Limma powers differential expression analyses for RNA-sequencing and microarray studies. Nucleic Acids Res，43（7）：e47.

Robinson J. T.，Thorvaldsdottir H.，Winckler W.，et al. 2011. Integrative genomics viewer. Nat Biotechnol，29（1）：24-26.

Robinson M. D.，McCarthy D. J.，Smyth G. K. 2010. edgeR：a Bioconductor package for differential expression analysis of digital gene expression data. Bioinformatics，26（1）：139-140.

Schmieder R.，Edwards R. 2011. Quality control and preprocessing of metagenomic datasets. Bioinformatics，27（6）：863-864.

Seniya C.，Yadav A.，Uchadia K.，et al. 2012. Molecular docking of（5E）-3-（2-aminoethyl）-5-（2- thienylmethylene）-1，3-thiazolidine-2，4-dione on HIV-1 reverse transcriptase：novel drug acting on enzyme. Bioinformation，8（14）：678-683.

Shannon P.，Markiel A.，Ozier O.，et al. 2003. Cytoscape：a software environment for integrated models of biomolecular interaction networks. Genome Res，13（11）：2498-2504.

Sharma P.，Hu-Lieskovan S.，Wargo J. A.，et al. 2017. Primary，adaptive，and acquired resistance to cancer immunotherapy. Cell，168（4）：707-723.

Sivan A.，Corrales L.，Hubert N.，et al. 2015. Commensal bifidobacterium promotes antitumor immunity and facilitates anti-PD-L1 efficacy. Science，350（6264）：1084-1089.

Sybalski W. 1974. Panel discussion contribution，eighteenth annual "OHOLO"biological conference on strategies for the control of gene expression in advances in experimental medicine and biology. *In*：Kohn A.，Shatkay A. Control of Gene Expression. New York：Plenum Press：405.

Tamura K.，Stecher G.，Kumar S. 2021. MEGA11：Molecular evolutionary genetics analysis version 11. Mol Biol Evol，38（7）：3022-3027.

Trapnell C.，Pachter L.，Salzberg S. L. 2009. TopHat：discovering splice junctions with RNA-seq. Bioinformatics，25（9）：1105-1111.

Trapnell C.，Williams B. A.，Pertea G.，et al. 2010. Transcript assembly and quantification by RNA-seq reveals unannotated transcripts and isoform switching during cell differentiation. Nat Biotechnol，28（5）：511-515.

Viaud S.，Saccheri F.，Mignot G.，et al. 2013. The intestinal microbiota modulates the anticancer immune effects of cyclophosphamide. Science，342（6161）：971-976.

Vickers C. E. 2016. The minimal genome comes of age. Nat Biotechnol，34（6）：623-624.

Waterhouse A.，Bertoni M.，Bienert S.，et al. 2018. SWISS-MODEL：homology modelling of protein structures and complexes. Nucleic Acids Res，46（W1）：W296-W303.

Wu F.，Zhao S.，Yu B.，et al. 2020. A new coronavirus associated with human respiratory disease in China. Nature，579（7798）：265-269.

Yu G.，Wang L. G.，Han Y.，et al. 2012. clusterProfiler：an R package for comparing biological themes among gene clusters. OMICS，16（5）：284-287.

附录 1　思政小课堂

NONCODE 数据库的创建和维护

NONCODE（http://www.noncode.org/）（Liu et al.，2005）是一个非编码 RNA 相关的数据库，由我国科学家陈润生团队于 2005 年创建发表，2021 年由中国科学院生物物理研究所陈润生院士课题组、中国科学院生物物理研究所健康大数据研究中心何顺民课题组和中国科学院计算技术研究所赵屹课题组合作对 NONCODE 进行了第六版的更新。NONCODE 由中国科学院计算技术研究所和生物物理研究所团队维护 14 年，累积访问过亿次；目前包括了关于动植物多个物种的 lncRNA 综合注释数据，可提供关于动植物各个物种中 lncRNA 的全面综合的注释和分析结果。该数据库具有重要的国际影响力，也是我国科学家在生物医学数据库领域的代表之作。

新病毒序列发现

2020 年 2 月 3 日，《自然》杂志在线发表了我国研究团队的“A new coronavirus associated with human respiratory disease in China”论文，该论文公布了 2019 年底暴发的新型冠状病毒肺炎疫情中的新型冠状病毒的全基因组序列（Wu et al.，2020）。该研究团队从一名男性患者的支气管肺泡灌洗液样本的宏基因组 RNA 测序数据中鉴定到了一个新的 RNA 病毒株，该病毒属于冠状病毒。并且利用病毒基因组的系统发育分析得知，该病毒与一组来源于蝙蝠的类严重急性呼吸综合征（SARS）冠状病毒密切相关。病毒全基因组序列的发现对此次病毒防疫工作具有重大的意义。只有知道了病毒的基因组序列，才能更好地开展检测试剂盒研发和疫苗研发工作。

无创产前 DNA 检测的发现和应用

我国为出生缺陷的高发国，在每年约 1600 万的新生儿中，先天性致愚、致残缺陷儿占每年出生人口总数的4%～6%，总数高达120万，约占全世界每年500多万出生缺陷儿童的1/5。生化唐氏筛查的准确率很低，仅为70%；羊水穿刺的检测准确率很高，可达100%，虽然现在国际上认可的羊水穿刺的风险比率低于0.5%，胎儿流产的概率不会超过3‰，但是羊水穿刺毕竟是侵入性诊断，还是存在一定的风险，穿刺过程也会给孕妇带来很大的心理负担。

Lo等（1997）发现了孕妇外周血中存在游离的胎儿DNA，这为通过孕妇的外周血取得胎儿的DNA，并获得胎儿染色体数量和状态提供了理论基础；同时Lo等（2007）也设计了针对胎儿特异性的核酸分子从母体血浆中诊断胎儿染色体非整倍性的方法。随着测序技术的发展，无创产前DNA检测（non-invasive prenatal testing，NIPT）得到迅速推动。NIPT技术仅需采取孕妇静脉血，利用新一代DNA测序技术对母体外周血浆中的游离DNA片段（包含胎儿游离DNA）进行测序，并将测序结果进行生物信息分析，可以从中得到胎儿的遗传信息；目前NIPT主要用于判断胎儿是否患有染色体遗传病，如21三体综合征（唐氏综合征）、18三体综合征（爱德华综合征）、13三体综合征（帕托综合征），以及一些性染色体三体型及X单体型。无创产前DNA检测技术的临床应用为我国出生缺陷儿的产前检测做出了极大的贡献。生物信息学分析技术为无创检测诊断中不可或缺的一部分，生物信息学研究者应该具有专业使命，为我国医学检测做出贡献。

神奇的肠道微生物组

考拉只吃桉树叶，而这种植物含微毒，所以考拉必须通过盲肠来消化分解桉树叶中的毒素。但是，考拉分解毒素的本领并不是与生俱来的，而是需要借助肠道里的共生微生物，小考拉获得这些共生微生物的方式是吃妈妈的大便。同样，人类的肠道内有数以百万亿的微生物，我们称之为肠道微生物组（通俗地称为肠道菌群），这些微生物编码超过300万个基因，产生数千种代谢物。正常的肠道菌群在人体营养代谢、药物代谢、维持肠道黏膜屏障的结构完整性、免疫调节和抵御病原体方面具有重要功能。在过去的15年中，基因组测序技术的进步加速了我们对肠道微生物组的认识。2007年，美国国立卫生研究院（NIH）宣布启动“人类微生物组计划”（HMP）；2008年，欧盟委员会宣布启动“人类肠道宏基因组计划”（MetaHIT）；2017年，中国启动了“中国科学院微生物组计划”。研究者已经发现肠道微生物组和很多慢性疾病相关，比如肥胖、心血管疾病、自身免疫疾病和神经系统疾病等，在大部分疾病患者中肠道菌群的复杂性都更低（Lee et al.，2021）。同时，越来越多的研究者发现肠道微生物和癌症的发生发展密切相关。早在 20 世纪 90 年代，科学家就首次将细菌——幽门螺杆菌和胃癌的发生联系起来。科学家认为一些微生物会激活炎症反应并破坏保护身体免被侵害的黏液层，从而使得肿瘤易于生长。随着肠道微生物组研究的发展，科学家发现肠道细菌也可以帮助人体对抗肿瘤。例如，有研究者发现，化疗药物环磷酰胺会破坏肠道内的黏液层，使一些肠道细菌进入淋巴结和脾脏并激活特定的免疫细胞（Viaud et al.，2013）。因此，很多科学家开始研究肠道菌群和免疫的相关性（Sivan et al.，2015），研究肠道菌群是否会影响免疫检查点抑制剂的作用（Sharma et al.，2017）。当然，这些研究说明肠道细菌可能可以辅助癌症的治疗，但是目前菌群与免疫治疗剂相互作用的具体机制尚不清楚。因此，一些科学家认为在人体中进行这些测试是有风险的，因为微生物组是复杂的生态系统，具有微生物和宿主细胞之间相互作用的动态时空特性（Guglielmi，2018），改变个人肠道微生物组成可能会使一些接受粪便移植试验的参与者出现长期的副作用或影响其健康，也有报道粪便移植手术导致个别参与者体重增加和肥胖的案例（Alang and Kelly，2015）。其实，在我国古代就有用粪便治疗疾病的古方，被称为金汁；由于没有科学的解释，因此没有流传下来，现在看来可能是利用了肠道微生物的作用来治疗疾病。肠道微生物被称为人类的第二基因组，具有重要的研究意义，然而从样本选择、收集到数据分析方法，肠道微生物组的研究都非常复杂和具有挑战性，需要大量研究者积极探求真理，发现真正有意义的诊疗方法和原理。

合成生物学的探索

传统生物学通过解析生命体研究其内在的结构或者作用机制，合成生物学恰恰相反，它是从最基本的原始着手，通过最基本的元素一步步去构建生命体。合成生物学的概念由来已久，1973 年遗传学家 Wacław Szybalski 畅想：“目前，我们正致力于分子生物学的描述阶段，但是真正的挑战将会在我们进入合成阶段开始；我们会设计新的控制元件，并且将这些元件添加到已有的基因组中，甚至建立一个完全新的基因组合成新的生命体”。

多年来，很多研究者致力于发现构成生命体的最基础的基因元件，也就是什么是生命体最小的基因组。直到 2016 年，J. Craig Venter 研究所（JCVI）构建了基因组长 531 560bp、包含 473 个基因（438 个编码蛋白质，35 个编码 RNA）的 JCVI-syn3.0（Hutchison et al.，2016），这是已知最简单的活细胞，但其有机体分裂产生的子代细胞的形状和大小都大不相同。2021 年，科学家发现只要给 JCVI-syn3.0 细胞添加 7 个基因，就能使其整齐地分裂成均匀的球体，这个合成细胞称为 JCVI-syn3A（Pelletier et al.，2021）。

合成生物学具有广泛的应用前景，这些合成细胞可以充当生产药物、食品和燃料的小型工厂；可以监测疾病并产生药物来治疗疾病，同时生活在体内。2021 年 7 月，Ron Weiss 等合成生物学家构建了一种基于可逆的蛋白质–蛋白质磷酸化相互作用的双稳态开关。在这项研究中，研究人员使用酵母细胞来承载他们的合成电路，并创建了一个由来自酵母、细菌、植物和人类等物种的 14 种蛋白质组成的网络。研究人员修改了这些蛋白质，使得它们可以在网络中相互调节，以产生响应特定事件的信号，如接触某种化学物质。这种电路可用于创建环境传感器或诊断，以揭示疾病状态或即将发生的事件，如心脏病发作（Mishra et al.，2021）。

合成生物学同样也带来了很多问题，如生物安全问题、生物安保问题、社会伦理问题等。合成生物学技术的发展必然能给人类带来益处，但是先进技术的使用不当会给社会和人类带来更大的风险。2016 年，有学者开始策划极具争议的人染色体的合成（Dance，2016）。如何合理合法地使用和发展科学技术需要每个研究者进行严谨的科学思辨。

附录2　常用软件介绍及下载

• BLAST

BLAST（Basic Local Alignment Search Tool）（Altschul et al.，1990）是基于局部比对算法的搜索工具，可将输入的蛋白质或核酸序列与数据库中已知的序列进行比对，获得序列相似度等信息。BLAST 有网页版和本地版。本地版下载说明地址：https://blast.ncbi.nlm.nih.gov/Blast.cgi?CMD=Web&PAGE_TYPE=BlastDocs&DOC_TYPE=Download。

• Clustal W

Clustal W（Higgins et al.，1996）是一款经典的多序列比对工具，可以进行多个同源基因的多序列比对，经常利用其比对结果构建系统发育树。软件主页地址：http://www.clustal.org/clustal2/。

• MEGA

MEGA（Molecular Evolutionary Genetics Analysis）（Tamura et al.，2021）也是分子进化分析中常用的软件，可以用于物种或种群的 DNA 和蛋白质等序列的多序列比对，并构建进化树、推断分子进化速度。下载地址：https://www.megasoftware.net/。

• Bowtie

Bowtie（Langmead et al.，2009）也是常用的序列比对软件，最初适用于短序列的比对。Bowtie 使用 Burrows-Wheeler 索引对基因组进行索引，以使它内存占用较小；它非常快速、使用内存高效，可以以每小时超过 2500 万个 35bp 读长的速率将短核苷酸序列与人类基因组进行比对。随着技术的提升，Bowtie2 也可用于长序列比对。下载地址：http://bowtie-bio.sourceforge.net/index.shtml。

• BWA

BWA（Burrows-Wheeler Aligner）（Li and Durbin，2009；Li and Durbin，2010）是一个序列比对软件包，用于将低差异序列与大型参考基因组（如人类基因组）

进行映射。它由 BWA-backtrack、BWA-SW 和 BWA-MEM 三种算法组成。第一个算法是为长度只到 100bp 的 illumina 序列文件设计的，而其余的两个算法则是为 70bp～1Mb 的更长的序列设计的。下载地址：https://sourceforge.net/projects/bio-bwa/files/。

• Cell Ranger

Cell Ranger 是 10x Genomics 公司为单细胞 RNA 测序分析开发的数据分析软件，用于处理 Chromium 单细胞数据，可将序列进行比对、产生特征（基因表达）矩阵；并且可以进行很多下游分析，如聚类分析等。官方说明文档：https://support.10xgenomics.com/single-cell-gene-expression/software/pipelines/latest/what-is-cell-ranger。下载地址：https://support.10xgenomics.com/single-cell-gene-expression/software/downloads/latest。

• Cufflinks

Cufflinks（Trapnell et al.，2010）用于组装转录本，并估算它们的丰度，可用于不同样本中的差异表达分析等。它接受对齐的 RNA-seq reads，并将对齐的序列装配成一组简约的转录本。软件说明和下载地址：http://cole-trapnell-lab.github.io/cufflinks/。

• clusterProfiler

clusterProfiler（Yu et al.，2012）是一个 R 程序包，主要用于基因功能注释。支持具有基因注释的数个物种的编码或非编码基因组数据的功能分析，同时提供功能富集分析结果的可视化，使用方便。软件说明：http://www.bioconductor.org/packages/release/bioc/vignettes/clusterProfiler/inst/doc/clusterProfiler.html。下载地址：https://github.com/YuLab-SMU/clusterProfiler。

• Cutadapt

Cutadapt（Martin，2011）用于低质量测序数据处理，可从高通量测序数据中找到并去除 adapter 序列、引物、polyA 尾以及其他种类的污染序列。软件主页：https://cutadapt.readthedocs.io/en/stable/。

• Cytoscape

Cytoscape（Shannon et al.，2003）是一个开放码源的软件平台，用于复杂网络的可视化，可将其与任何类型的属性数据集成。常用于分子互作或调控网格构建，可对通路数据进行可视化。此外，Cytoscape 内有多种的插件可进行生物网络相关的分析。软件官网：https://cytoscape.org/。

● DAVID

DAVID（Database for Annotation，Visualization and Integrated Discovery）（Dennis et al.，2003）为研究人员提供了一套全面的基因功能注释工具，以了解大量基因背后的生物学意义。在网页端就可实现基因集的功能注释，操作简单方便。软件网址：https://david.ncifcrf.gov/home.jsp。

● DESeq2

DESeq2（Anders and Huber，2010）是一个 R 程序包，主要用来进行基因差异表达分析，也可用于其他类似的数据分析，如 ChIP-Seq、HiC 和质谱数据等。其利用负二项式广义线性模型对差异表达进行检验，结合数据驱动的先验分布估计数据的离散程度和倍数改变，具有良好的统计能力，可以较准确地推断数据中的差异信号。下载地址：http://www.bioconductor.org/packages/release/bioc/html/DESeq2.html。

● edgeR

edgeR（Robinson et al.，2010）也是一个 R 程序包，用于 RNA-seq 基因表达谱的差异分析，采用基于负二项分布的统计学方法；也可用于 ChIP-seq、ATAC-seq 等差异信号的分析。下载地址：https://bioconductor.org/packages/release/bioc/html/edgeR.html。

● FastQC

FastQC 用于高通量测序数据的质量控制，是一个基于 Java 的分析程序，提供了一系列模块化的分析。用户可以输入 fastq、BAM、SAM 等格式的文件，对数据进行一系列评估分析，并提供图表信息告知用户数据质量以及问题所在。软件网址：https://www.bioinformatics.babraham.ac.uk/projects/fastqc/。

● FASTX-Toolkit

FASTX-Toolkit 是对测序数据，如 fasta/fastq 文件进行预处理的命令行工具的集合。软件使用说明：http://hannonlab.cshl.edu/fastx_toolkit/。下载地址：http://hannonlab.cshl.edu/fastx_toolkit/download.html。

● featureCounts

featureCounts（Liao et al.，2014）是对映射到基因组的序列进行统计的软件，其快速准确，可对基因、外显子、启动子、基因组特定区域和染色体位置等基因组特征区域进行统计计数。下载地址：http://subread.sourceforge.net/。

• GENSCAN

GENSCAN（Burge and Karlin，1997）用来预测各种物种的基因组序列中的基因位置和外显子-内含子结构，可以通过网络服务器访问。访问地址：http://hollywood.mit.edu/GENSCAN.html。

• Genome Maps

Genome Maps（Medina et al.，2013）是一个表现极佳的基于 HTML5 的基因组浏览器。用户可以通过 Genome Maps 浏览来自 CellBase 的数据，并且可以从 OpenCGA 服务器渲染远程的大数据，如 BAM 和 VCFs 文件。下载地址：https://github.com/opencb/genome-maps。

• HISAT2

HISAT2（Kim et al.，2019）是一款快速灵敏的序列比对软件，用于有参考基因组的 DNA 或者 RNA 测序数据的比对。它使用了 HGFM（Hierarchical Graph FM index）的新的索引方法，使得序列比对快速准确。软件网址：https://daehwankimlab.github.io/hisat2/。

• HTSeq-count

HTSeq-count（Anders et al.，2015）是采用 Python 语言开发，集成在 HTSeq 程序包里的。它通过对测序文件与基因重叠的计算来预处理 RNA-seq 数据，以此进行差异表达分析。HTSeq 使用说明文档：https://htseq.readthedocs.io/en/master/。下载地址：https://pypi.org/project/HTSeq/。

• IGV

IGV（Integrative Genomics Viewer）（Robinson et al.，2011）是一个高性能的、易于使用的基因组数据可视化工具。它具有非常好的交互式功能，支持多种常见的基因组数据，也支持研究者自己生成的数据。可以非常直观地查看各种测序数据中的序列或信号的丰度。软件网址：https://software.broadinstitute.org/software/igv/。

• Limma

Limma（Ritchie et al.，2015）是一个 R 程序包，最初用于基因芯片的表达分析，也可用于定量 PCR、高通量 RNA-seq 或者蛋白质检测的数据表达分析，是一个基于线性模型的差异表达分析软件。软件主页：http://bioinf.wehi.edu.au/limma/。

● PRINSEQ

PRINSEQ（Schmieder and Edwards，2011）是一个测序数据质控和数据预处理的软件，可用于过滤、重新格式化或截切用户的下一代测序数据；可以以图形或者表格形式生成序列的汇总统计信息。软件网址和使用说明：http://prinseq.sourceforge.net/manual.html。

● PyMOL

PyMOL 是用户赞助的、有着开放码源基础的一个分子可视化系统。软件网址和下载地址：https://pymol.org/2/。

● RSEM

RSEM（Li and Dewey，2011）是用于 RNA-seq 数据中估计基因或异构体表达水平的软件包。RSEM 软件包支持 EM 算法的并行计算、单端和双端测序数据。它可计算表达水平的后验均值和 95%可信区间估计值。它可以产生以转录本坐标或者基因组坐标的 BAM 或 Wiggle 文件，可直接导入 UCSC 基因组浏览器或者 IGV 中查看这些坐标。下载地址：https://github.com/deweylab/RSEM。

● Samtools

Samtools（Li et al.，2009）是一套用于与高通量测序数据交互的程序，它由三个独立的存储库组成：Samtools、BCFtools 和 HTSlib。软件网址：http://www.htslib.org/。下载地址：http://www.htslib.org/download/。

● Seurat

Seurat（Hao et al.，2021）是一个 R 程序包，用于单细胞 RNA-seq 数据分析，可进行数据质控、数据降维、聚类分析、标记基因发现等常用的单细胞数据分析。Seurat 旨在使用户能够从单细胞数据中识别和解释异质性来源，并可整合不同类型的单细胞数据。下载地址：https://github.com/satijalab/seurat/。

● SRA Toolkit

SRA Toolkit 是 NCBI 提供的用于处理来自 SRA 数据库测序数据的一个工具包。软件说明：https://trace.ncbi.nlm.nih.gov/Traces/sra/sra.cgi?view=toolkit_doc。下载地址：https://trace.ncbi.nlm.nih.gov/Traces/sra/sra.cgi?view=software。

● STAR

STAR（Dobin et al.，2013）基于 C++，可以用来对比大型（>80 亿读长）转录组 RNA-seq 数据集，它提高了对比的灵敏度和精度，STAR 也可以用于发现可变剪切和融合基因。下载地址：https://github.com/alexdobin/STAR/releases。

● StringTie

StringTie（Pertea et al.，2015）用于对 RNA-seq 映射的数据进行组装，快速高效。它的输入可以是 TopHat 或是 HISAT2 的结果，需要按位置排序的 BAM 文件；输出结果可以直接用于 Ballgown、Cuffidff 等软件进行下游分析。下载地址：http://ccb.jhu.edu/software/stringtie/。

● SWISS-MODEL

SWISS-MODEL（Waterhouse et al.，2018）是一个全自动的蛋白质结构同源建模服务器。软件网址：https://swissmodel.expasy.org/。

● TopHat

TopHat（Trapnell et al.，2009）可将 RNA-seq 数据进行比对映射，可用于可变剪切的发现。它通过 Bowtie 将短序列文件与基因组进行比对，通过映射结果来识别外显子之间的剪接点。现在已不常用。软件下载：http://ccb.jhu.edu/software/tophat/index.shtml。

● Trimmomatic

Trimmomatic（Bolger et al.，2014）用于去除 Illumina 平台的 fastq 序列中的低质量数据，可以对单端或者双端测序数据进行质量评估和低质量数据去除。软件网址：http://www.usadellab.org/cms/?page=trimmomatic。下载地址：https://github.com/usadellab/Trimmomatic。

● WGCNA

WGCNA（weighted correlation network analysis）（Langfelder and Horvath，2008）为加权基因共表达网络分析，用来描述样本中基因间的相关性。其可用于查找高度相关基因的集群（模块），并将基因模块与样本表型进行关联。它是一种基于网络的基因筛选方法，可用于识别候选生物标志物或治疗靶点。软件网址：https://horvath.genetics.ucla.edu/html/CoexpressionNetwork/Rpackages/WGCNA/。